Jules-Émile Planchon

La Truffe
et les truffières
artificielles

Techniques

ISBN : 978-1544198125

10 9 8 7 6 5 4 3 2 1

Jules-Émile Planchon

La Truffe
et les truffières
artificielles

Techniques

Table de Matières

I - le mode de reproduction et la culture

C'est le propre des questions à la fois scientifiques et populaires de montrer à l'œuvre d'un côté la science avec ses méthodes patientes et précises, de l'autre la fantaisie avec ses paradoxes, ses chimères, ses ignorances naïves ou présomptueuses. A ce double titre, la truffe, production étrange et problématique, devait avoir sa légende à côté de son histoire. Ébauchée plus de trois siècles avant notre ère par le célèbre Théophraste, cette histoire n'a repris son cours qu'à partir de l'usage du microscope et ne date guère, dans nos temps modernes, que des premières années du XVIIIe siècle ; la légende, plus vivace, remonte aux erreurs de l'antiquité, résumée dans quelques lignes de Pline, traverse le moyen âge et la renaissance en s'imprégnant des subtilités du galénisme, de la magie, des causes occultes, et, se perpétuant de nos jours en quelques cerveaux illuminés, aboutit à la théorie, grossière au fond, spécieuse en apparence, de la truffe-galle ou de la mouche truffigène. Faut-il faire à cette dernière opinion les honneurs d'une réfutation en règle ? Est-il besoin d'établir que la truffe, champignon souterrain, n'a rien de commun avec une galle, résultat de la piqûre d'une racine par un insecte ? Pour le naturaliste sérieux, la démonstration serait superflue. Le bon sens d'abord, puis l'évidence des faits, les admirables études de Vittadini et des Tulasne, les savants travaux de Léon Dufour, Laboulbène, Chatin, Henri Bonnet, ont porté sur le fond même de ce litige un verdict définitif ; mais ce n'est pas aux savants que s'adresse l'ardent champion de la mouche truffigène : pour M. Jacques Valserres, l'Académie des Sciences est l'incarnation vivante du progrès à reculons ; tout ce qui touche à ce corps est par cela même entaché de parti-pris, d'aveuglement volontaire. Parlez-lui des *libres chercheurs* ! Ceux-là n'ont besoin ni d'érudition solide, ni d'observations patientes, ni même de connaissances précises : ils savent tout d'intuition ; ils voient d'un coup d'œil à travers leur vanité ce que les pauvres esclaves de la science officielle n'ont pu découvrir par les investigations les plus délicates. Donc place aux libres chercheurs ! Eux seuls auront l'oreille du public, la confiance des praticiens ; ils ne connaissent ni les hésitations ni les doutes : belle condition pour parler haut et séduire ceux qui croient, encore aux oracles.

Jules-Émile Planchon

J'ai l'air d'être très sévère pour le récent manifeste de la mouche truffigène. Qu'on lise le livre, on me trouvera peut-être indulgent. En tout cas, on désirera faire dans cette œuvre une distinction entre la partie polémique, diatribe aussi passionnée que stérile contre des adversaires imaginaires, et la partie pratique et calme consacrée à la propagande d'une idée juste : l'extension de la production truffière au moyen des reboisements par semis de chêne. Sur ce point essentiel, l'empirisme des agriculteurs a devancé la science spéculative ; mais celle-ci s'est empressée d'accueillir les résultats de la pratique : impuissante à les expliquer, elle en fera le point de départ d'études persévérantes, et peut-être pourra-t-elle en donner un jour une interprétation logique au lieu de vouloir les rattacher dès à présent au joug d'une théorie prématurée. La *trufficulture*, pour employer le mot incorrect que l'usage a consacré, la production artificielle des truffes est en ce moment à l'ordre du jour dans plusieurs départements de la France. Très familière aux initiés, qui sont parfois des populations entières, confondue par beaucoup avec le semis direct des truffes, cette branche nouvelle de l'activité agricole mérite d'être portée à la connaissance du grand public. Les gourmets y trouveront la perspective de jouissances gastronomiques ; les agriculteurs y saisiront peut-être l'occasion de mettre en rapport et de reboiser des espaces nus et relativement stériles ; les esprits curieux, auxquels le vrai sourit encore plus que l'utile, suivront peut-être avec intérêt des tentatives faites pour résoudre le problème, en apparence si simple, en- réalité si difficile, de multiplier les truffes au moyen des germes dont leur substance est farcie. Avant d'en venir à ce nœud de la question, essayons d'abord d'en poser nettement les termes en écartant les idées fausses dont vingt siècles de préjugés l'ont encombrée.

I

En véritables naturalistes, Aristote et son disciple Théophraste n'hésitent pas à reconnaître la nature végétale et l'autonomie de la truffe. Ce dernier surtout réfute d'avance l'idée que ce puisse être une racine. Sans connaître les graines, il en suppose l'existence ; les truffes, assure-t-il, ne croissaient à Mitylène qu'à la suite d'inondations pouvant y porter de Tiaris les semences de ces productions souterraines. L'explication est peut-être fausse, mais l'idée qui s'y rattache est restée juste ; seulement il a fallu plus de deux mille ans d'attente pour que l'œil découvrît ces germes que l'esprit avait pressentis.

Compilateur infatigable, écho fidèle de tous les préjugés de son temps, Pline, tout en copiant Théophraste, hésite beaucoup à reconnaître la truffe pour un corps vivant. Il y voit plutôt une agglomération de terre altérée, un excrément de la terre, *vitium terræ*, opinion étrange qu'il a de la peine à faire cadrer avec la faculté qu'a ce produit de pourrir « comme du bois. » Son argument principal pour concevoir que la terre *s'agglomère* en truffe, c'est l'accident survenu au préteur Lartius Licinius : celui-ci, gouverneur de Carthagène en Espagne, se serait presque arraché les incisives en mordant sur une truffe qui contenait un denier. L'intrusion d'un corps étranger dans le tissu vivant d'un champignon est chose fréquente et qui surprendrait peu les botanistes. Ils savent comment les agarics, les bolets, englobent dans leurs tissus les brins d'herbe, les cailloux : la truffe elle-même est parfois comme traversée par des racines qui ne contractent avec elle aucune adhérence organique, et qu'elle a comme avalées dans le cours de son développement. C'est du reste probablement à Plutarque, autre écho des préjugés populaires, que Pline emprunte l'idée de la corruption de la terre comme origine de la truffe. Un passage des *Symposiaques* ou *Propos de table* du crédule auteur attribue la formation des truffes dans le sol à l'action combinée du tonnerre, de la chaleur et de l'eau, produisant dans les entrailles de la terre « des nœuds et pelotons mois et friables, comme aux corps humains se produisent tumeurs et enflures qu'on appelle glandes et écrouelles. » Ces idées subtiles et vagues des anciens sur le rôle des éléments dans la genèse des corps vivants ont enveloppé comme d'un brouillard les esprits les plus cultivés de l'antiquité grecque et romaine, du moyen âge et même de la renaissance. Associées par Galien à la doctrine savante des tempéraments et des humeurs, quintessenciées encore par les Arabes et par les alchimistes, on les retrouve partout comme un cauchemar pour la pensée, comme une source de galimatias pour la langue. Écoutons par exemple Ciccarelli, un lettré du XVIe siècle, dans le curieux opuscule sur les truffes dont Amoreux s'est fait le commentateur et le traducteur. « La propriété qu'a un lieu convenable de la terre, préparée par la

Jules-Émile Planchon

chaleur du soleil, mise en action par les tonnerres et par les pluies qui déterminent une chaleur putride, donne naissance aux truffes, puisqu'une chaleur pourrissante sépare l'humide terreux, donne naissance à ces racines sans germe qu'on nomme truffes ; par la raison des contraires, lorsque la chaleur cuit la matière froide, humide et ténue, il en résulte des germes sans racines : c'est ce que nous nommons des champignons. » Et plus loin : « il existe cinq éléments dans les truffes, — l'écorce, la pulpe, l'humidité, l'odeur et la couleur ; l'écorce est formée de la terre, puisqu'elle provient du froid et du sec ; la pulpe a deux parties, l'une crasse, l'autre ténue, la crasse provient de la terre, la ténue de l'air ; l'humidité vient de l'eau, et l'odeur et la couleur du feu ; l'ensemble concourt à la génération des truffes. » J'abrège à dessein cette prose de Sganarelle, échantillon entre mille de l'idée et du langage d'une époque où l'observation commençait à peine à supplanter l'érudition et la scolastique. Que de nuages à dissiper, et quelle œuvre les grands esprits des XVIe, XVIIe et XVIIIe siècles ont eu à faire pour créer à la fois le fond et la forme de la science moderne !

L'idée que le tonnerre intervient dans la formation des truffes était populaire chez les Grecs et les Romains. Théophraste lui-même l'adopte ; Juvénal s'en fait l'écho dans un passage souvent cité. Évidemment fausse en elle-même, cette opinion pourrait avoir un côté vrai en ce sens que les pluies, accompagnement ordinaire du tonnerre, peuvent, lorsqu'elles viennent au moment propice, aux mois d'août et de septembre par exemple, favoriser la production des truffes pour l'hiver suivant. Faudrait-il aller plus loin, et, reconnaissant l'action de la foudre et de l'électricité des nuages, comme source de nitrate d'ammoniaque et d'ozone, admettre une influence directe des pluies d'orage sur le développement d'êtres fortement azotés comme la truffe ? M. Henri Bonnet se décide pour l'affirmative ; quant à M. Jacques Valserres, il imagine sans sourciller que les chênes verts et les kermès doivent à leurs feuilles épineuses d'être mieux en rapport avec la foudre, et de donner ainsi « des tubercules en abondance et de meilleure qualité ! »

Une autre erreur de l'antiquité sur les truffes, c'est l'opinion que la *pituite* des arbres (c'est-à-dire quelque exsudation anormale, comme le miellat des feuilles ou la sanie des plaies des branches), entraînée par la pluie dans le sol, y provoquerait une fermentation particulière dont les truffes seraient le produit. Cette hypothèse, émise par Pline a propos de champignons en général, l'a été pour les truffes en particulier par un auteur que cite Ciccarelli et qu'il appelle Christophe Encélius. On pourrait laisser cette hypothèse dormir dans les limbes de l'oubli, si le bon curé de Réoville ne l'avait ressuscitée de nos jours avec une conviction naïve. N'a-t-on pas vu récemment un autre rêveur convaincu, l'abbé Paramelle, se figurer que les truffes sont de simples tubérosités de racines, et qu'on pourrait à volonté en provoquer la production par des lésions artificielles pratiquées sur les radicelles des arbres truffiers !

Ainsi donc création de toutes pièces par l'action combinée des éléments tels qu'on les comprenait alors, terre, eau, air et feu (représenté par la foudre), telle est, en dehors des intuitions plus justes de Théophraste, l'hypothèse dominante chez les anciens quant à l'origine de la truffe et des champignons : les épithètes de *gêgènès* (fils de la terre) et d'enfants des dieux, qu'on leur appliquait fréquemment, faisaient allusion à cette génération spontanée, dont l'idée se retrouve partout dans les croyances antiques, et qui de nos jours ne livre ses derniers combats que dans le champ de plus en plus rétréci des infiniment petits.

A la place de ces préjugés surannés et délaissés, une théorie vient de surgir qui conteste l'existence de la truffe comme organisme spécial, et n'y voit qu'un renflement morbide, une sorte de galle produite sur les racines des arbres par la piqûre de mouches dites truffigènes. Présentée avec réserve en 1847 par M. B. Robert, botaniste de Marseille, reprise dix ans plus tard comme une découverte nouvelle par un grand producteur de truffes, M. Martin Ravel, de Montagnac (Basses-Alpes), récemment abandonnée par ce praticien, cette théorie a trouvé dans M. Jacques Valserres un défenseur ardent et convaincu. Rarement on a vu défi plus direct à l'évidence lancé et soutenu avec cette verve de polémique qui révèle le journaliste, et cette assurance qui ne peut naître que de l'ignorance des faits ou du mépris des adversaires. L'auteur, qui cite pourtant M. Tuiasne, n'a pas l'air de se douter que l'organisation interne de la truffe, admirablement connue des botanistes, exclut toute idée d'assimilation avec les protubérances que la piqûre d'insectes provoque sur les organes des végétaux : montrer cette différence entre la truffe, végétal indépendant, et la galle, production morbide ou simple modification de tissu d'une autre plante, sera donc ruiner dès la base le système de la truffe-galle ; d'autres arguments non moins décisifs compléteront cette facile défaite.

Qu'est-ce qu'une galle ? En bornant à dessein la définition aux galles par excellence, dont la substance spongieuse ou solide loge dans son intérieur la progéniture d'un insecte, on peut voir dans les productions des hypertrophies de tissu provoquées dans un organe végétal par l'action mécanique ou le virus irritant d'une tarière ou d'un aiguillon d'insecte. Par une merveilleuse loi d'évolution qui n'est pas encore appréciée à sa valeur dans la morphologie ou doctrine des formes des êtres ou des organes, la figure générale et la structure interne de ces galles sont définies pour chacune d'elles d'une manière précise. Ce sont de véritables *pseudo-morphoses* aussi régulières, aussi arrêtées dans leur composition interne que le sont les fruits, les graines ou tel autre organe complexe d'un végétal. Qu'on prenne pour type de galle la noix de galle d'Alep, si employée dans la teinture, ou la galle ronde et légère qui vient sur le pétiole des chênes blancs, on y verra, comme l'a si bien montré M. Lacaze-Duthiers, sous des cellules épidermiques, une zone spongieuse de cellules à grands méats remplis d'air, puis un noyau de tissu *scléreux* (dur) formé de cellules linéaires et rayonnantes : c'est la couche protectrice de l'habitant de la galle ; enfin sur la paroi même de la cavité centrale un tissu lâche et riche en fécule, provision de nourriture mise juste à la portée de la larve, dont elle assure la nutrition, comme la zone aérifère en assurait la respiration. Dans tout cela, pas de traces de germes reproducteurs : une organisation complexe, définie, une admirable adaptation des moyens au but, mais rien qui permette de faire de la galle un être à part, ni même un organe normal de la plante ; chimiquement le tannin, la cellulose, la fécule, les matières hydrocarbonées, dominent dans cette structure appelée à nourrir un être chez qui l'élément graisseux l'emporte sur l'élément azoté.

Qu'est-ce d'autre part que la truffe ? Même en la prenant toute formée, alors que son *mycélium* générateur a disparu sans laisser de traces, une simple coupe de ce prétendu tubercule y dévoile toute l'organisation interne d'un champignon. Sous l'écorce rugueuse et noire, comme ciselée en verrues pyramidales, la peau présente un réseau de veines blanchâtres se dessinant sur le fond bistre, noirâtre ou violacé d'un tissu plus compacte que celui des veines. Celles-ci représentent les coupes d'anfractuosités étroites, plissées comme les circonvolutions d'un cerveau, et dont les parois, appliquées l'une contre l'autre, sont tapissées de cellules filamenteuses emprisonnant de l'air dans leurs interstices : de là la couleur blanc mat de ces veines *aérifères*. Vu au microscope, même à un faible grossissement, le tissu de couleur foncée se montre farci de vésicules transparentes (*sporanges* ou *thèques*) renfermant chacune de quatre à six grains ellipsoïdes, opaques, hérissés de petits aiguillons serrés, et dont la couleur approchant du noir a fait donner à la truffe comestible par excellence le nom de *tuber melanosporum* ; ces granules, sur lesquels nous reviendrons, sont en effet les spores ou germes reproducteurs de la truffe. Leur présence seule dans le tissu de cette espèce, leur forme parfaitement définie, leur analogie évidente non-seulement avec les spores des autres espèces de truffes, mais avec celles des genres ou familles de champignons voisins, tout met hors de doute l'autonomie de la truffe comme être caractérisé, ayant sa vie propre, et non comme une pure excroissance d'un végétal supérieur. La composition chimique confirme d'ailleurs ces analogies : au lieu de renfermer, comme les galles, du tannin et de la fécule, la truffe, comme le reste des champignons, est riche en principes azotés, rappelant à beaucoup d'égards les substances animales et donnant par la putréfaction des composés ammoniacaux.

Une autre circonstance intervient pour marquer la différence radicale entre la truffe et les galles : c'est l'indépendance absolue, l'absence complète de connexion entre la truffe adulte et les racines de l'arbre dont on voudrait qu'elle fût une excroissance. En vain M. Valserres affirme-t-il que cette connexion existe. Peut-être a-t-il été trompé par la ressemblance tout extérieur que présente avec une truffe la galle ligneuse produite sur les racines du chêne par le *cynips aptera*. Cette galle, déjà connue de Réaumur, et qu'on retrouve de temps en temps, est formée de nombreuses loges serrées en une masse mamelonnée, mais n'ayant ni par leur consistance ni par leur structure rien de commun avec les truffes. On conçoit pourtant que des observateurs superficiels s'y soient laissé prendre ; mais une simple coupe suffit pour mettre en pleine lumière la texture ligneuse, la division en cellules de cette galle tubériforme, ainsi que l'adhérence avec la racine nourricière dont elle n'est que l'hypertrophie.

Plus spécieux et plus trompeur pour les novices en histoire naturelle est le rôle que certains insectes ont l'air de jouer dans la genèse de la truffe. C'est sur une fausse interprétation de ce rôle que s'est fondée la théorie dite de la mouche truffigène, annexe obligée de la théorie de la truffe-galle. Ici encore des faits patents, élémentaires, consignés dans les œuvres d'entomologistes de premier ordre, ont depuis longtemps défini les vrais rapports de ces insectes avec la truffe. En supposant, par une hypothèse plausible peut-être, que ces insectes, dans leurs pérégrinations d'une truffe à l'autre, puissent se faire, sans le savoir et le vouloir, des agents de dissémination de la truffe, là se bornerait leur action dans le sens de la multiplication de ce champignon : ce qu'ils font avec certitude, c'est de s'en nourrir à l'état de larves, quelques-uns même à l'état d'insecte parfait ; ce sont donc des dévoreurs de truffes (*tubérivores*), mais nullement des générateurs de truffes. Quelques faits très simples achèveront cette démonstration.

Voici d'abord un petit scarabée de couleur cannelle, bien connu sous le nom d'*anisotoma cinnamomea*, que l'on trouve fréquemment sur la truffe même dans la profondeur du sol, soit qu'il y vienne pour y pondre, soit qu'il en sorte après y avoir subi ses métamorphoses. Sa larve occupe les galeries ou les cavités qu'elle se creuse à belles dents, trouvant là le gîte et le couvert, comme le rat ermite du bon La Fontaine dans son fromage de Hollande. Six pattes écailleuses assez longues le distinguent comme larve de coléoptère des larves vermiformes et sans pattes des diptères (mouches), ses commensales ordinaires ; son abdomen, qu'il redresse à la manière des perce-oreilles et des staphylins, lui donne une attitude étrange : sa teinte blanc mat est celle des insectes voués aux ténèbres. En tout cas, c'est un hôte de la truffe, mais un hôte qui dévore sa maison. Voici maintenant des diptères ou mouches à demi-ailes transparentes. Le nombre en est assez grand, mais il faut se borner aux principales, à celles qui, dès longtemps signalées comme mouches indicatrices des truffes, décèlent en effet par leur présence sur le sol le voisinage du champignon odorant. Sans parler de certaines espèces qui ne sont pas spéciales aux tubéracées, on peut regarder comme particulièrement tubérivores les *helomyza*, dont l'espèce la plus commune, nommée *tuberivora*, plus longue que la mouche des maisons, présente une teinte générale fauve rougeâtre avec des ailes enfumées et tachées de noir. Son vol assez lourd permet aisément de la suivre et de la saisir. Presque toujours solitaire, on la voit voleter ou se poser sur le sol juste au-dessus des truffes mûres, dont elle décèle la présence au *rabassaire* attentif. Je viens de l'observer le 6 mars aux environs de Montpellier ; elle s'y trouve, je crois, tout l'hiver et probablement à d'autres saisons de l'année. C'est à cette mouche et à ses congénères, les *helomyza lineata, pallida, ustulata*, que se rapportent en grande partie les prétendues mouches truffigènes de M. Ravel et de M. Valserres. D'autres diptères, appartenant à la division dite des tipulaires florales, volent par essaims à quelque distance du sol, se balançant avec ces allures singulières que Linné, dans son style poétique, a comparées à des danses conduites en chœur ; mais, qu'il s'agisse des unes ou des autres, l'idée qu'elles puissent, par une piqûre quelconque, déterminer sur une racine la formation d'une galle, est un pur roman, une illusion de l'esprit de système en contradiction manifeste avec la réalité.

Où et comment M. Martin Ravel a-t-il vu que la mouche truffigène atteint les racines chevelues et « les pique à leur extrémité pour y déposer ses œufs ? » Comment a-t-il observé que « la piqûre détermine le jet d'une goutte laiteuse ? » Cette assertion vaut celle de M. Valserres disant gravement : « Le principal organe des mouches truffigènes est une tarière qui part du milieu du ventre et se prolonge dans un fourreau jusqu'à l'extrémité du corps ; cette tarière sort du fourreau très longue et très aiguë lorsque la mouche pique les radicules. » Ce que l'auteur attribue sans raison aucune à ses mouches à deux ailes n'est vrai que pour les *cynips* des galles, qui sont des mouches à quatre ailes, des hyménoptères et non des diptères. Que nous sommes loin des Réaumur, des Léon Dufour, des Laboulbène ! Membres de l'Académie des Sciences ou dignes de l'être, ces savants ont eu la naïveté de décrire ce qu'ils voyaient : les *libres chercheurs* ne connaissent pas ces timidités ; ils décrivent hardiment ce qui n'est pas, la goutte de lait d'une racine de chêne piquée, la tarière et l'aiguillon d'une mouche inerme tant du côté de la bouche que du côté de l'abdomen.

Ainsi donc truffe-galle, mouche truffigène, rêves d'esprits auxquels manque l'habitude de l'observation, de la discipline scientifique ! Moins excusables que les anciens, pour qui certaines superstitions se respiraient avec l'atmosphère du temps, les sophistes de nos jours contestent les résultats les mieux acquis de sciences qu'ils se dispensent d'étudier ; mais c'est peut-être trop s'occuper de ces attaques impuissantes. Passons à des sujets plus sérieux, aux essais de propagation des truffes, soit par le semis de leurs spores (méthode directe), soit par la voie indirecte des semis ou des plantations de chênes.

II

L'existence de germes ou graines dans les truffes était, on l'a vu, présumée et non prouvée par Théophraste. C'est également par une vue de l'esprit et non par l'observation que des philosophes de l'antiquité ou du moyen âge concevaient cette génération par graines. Ciccarelli appuie d'abord ses idées à cet égard sur de hautes spéculations philosophiques, notamment sur un dire attribué à Pythagore : « toute plante peut, selon l'intention de la nature, être semée ; » mais, à côté de ces raisons spéculatives, il en place heureusement de l'ordre expérimental, savoir : les exemples de reproduction artificielle des champignons par un traitement particulier du bois de peuplier et par le conglomérat tufacé de la pierre à champignon ou *pietra fungaia* des Italiens. Le premier fait, déjà connu de Dioscoride, concerne un agaric que les Grecs appelaient *œgerites*, et qui porte à Montpellier le nom vulgaire de *pivoulada* ou champignon de peuplier. On reproduit à volonté ce champignon' en enterrant à moitié des rondelles de bois de peuplier blanc ou noir récemment coupé, soit qu'on se contente de les mettre dans un sol fumé, soit qu'on arrose avec du levain délayé dans l'eau la partie du tronc restée en terre, et qui le plus souvent n'a pas besoin d'un traitement particulier pour donner Une vraie moisson d'agarics. Ici l'on peut se demander si le blanc du champignon (*mycélium*) présent à l'état latent et rudimentaire dans le tissu cortical et ligneux de l'arbre contribue seul à la formation de l'agaric, ou si les spores des générations précédentes germent et forment un mycélium nouveau d'où procèdent les appareils fructifiés (chapeau, lamelle, stipe ou pied), qui semblent constituer tout le champignon. Même doute quant à l'origine du polypore (*polypo-*

rus tuberaster), qui sort de la *pietra fungaia*. Il est évident que cette prétendue pierre renferme dans sa masse hétérogène et en partie organique un mycélium vivace, d'où pullulent, sous l'influence d'arrosemens faits avec des liquides azotés, les générations successives de champignons comestibles ; mais il est bien possible que les spores interviennent pour le rajeunissement du mycélium. En tout cas, les anciens, ne distinguant pas entre le mycélium (partie végétative) et les spores, faisaient beaucoup en attribuant à des germes, même hypothétiques, l'origine de ces productions équivoques, que l'on rattachait le plus souvent à la génération spontanée.

A vrai dire, le premier auteur à qui l'on doive la mention expresse et la description superficielle dès graines des truffes est le savant Claude-Joseph Geoffroy, appelé le Jeune, pour le distinguer de son frère aîné, Etienne-François, membre comme lui de l'Académie des Sciences. Ses *Observations sur la végétation des truffes* (1711) signalent dans le parenchyme ou tissu transparent de ces productions « des points noirs, ronds, séparés les uns des autres, et qui ont tout l'air d'être des graines nourries dans le parenchyme, dont elles ont obscurci la couleur. » Bientôt après (1729), le fondateur de l'étude des cryptogames, l'illustre Florentin Micheli, décrivait et dessinait ces germes de truffes tels qu'on les trouve dans les vésicules qui les renferment par groupes, et que l'on appelle aujourd'hui *thèques* ou *sporanges*. Une fois les germes en question connus et désignés comme graines, il semblait tout simple de les semer pour obtenir directement la reproduction artificielle de la truffe. De là cette série de tentatives dont Bradley en Angleterre (1756), le comte de Borch en Piémont (1780), Alexandre de Bornholz en Allemagne (1825), le comte de Noé en France (vers 1828), sont les auteurs les plus connus. Ces procédés, imités de Ciccarelli, consistent, sauf les variantes, à introduire dans un sol approprié des truffes entières ou des fragments ou épluchures de truffes mûres ou pourries. Malgré les assertions positives qui semblent en garantir la réussite, la meilleure preuve de l'insuccès de ces prétendus semis, c'est l'abandon complet dans lequel ils sont tombés. Le problème n'est pas si simple qu'il semblait l'être au premier abord ; mais, pour en comprendre la difficulté réelle, il faut examiner de plus près la nature des spores de la truffe et les phases complexes d'évolution par lesquelles passent les champignons entre la germination initiale de leurs spores et la production de nouvelles spores pareilles à celles qui ont servi de point de départ à ces organismes.

Et d'abord que représentent les spores ou soi-disant graines de truffes ? Sont-ce des corps analogues aux vraies graines des végétaux supérieurs ? Produisent-elles directement la truffe telle qu'elle se montre à nous avec son tissu compacte et solide, ou bien donnent-elles naissance à une formation intermédiaire (*mycélium*), qui représenterait la partie végétative de la plante, tandis que la truffe n'en serait que la partie fructifère ? Des opinions différentes se sont produites sur cette difficile question.

La première idée est celle que la truffe est vivipare, en ce sens que ses germes intérieurs (spores des auteurs) représenteraient de petites truffes en miniature qui n'auraient qu'à grossir insensiblement pour devenir pareilles aux truffes-mères. Émise par les botanistes anglais Hill et Watson, puis par notre compatriote Bulliard, cette opinion prit surtout une forme bien arrêtée dans un mémoire de Turpin, membre de l'Académie des Sciences, esprit original et chercheur, mais subtil et systématique, qui de la meilleure foi du monde sacrifiait dans ses dessins la vérité aux apparences que lui montrait son imagination toujours excitée. Séduit par une ressemblance superficielle entre les spores à surface hérissée de pointes de la truffe noire et la truffe adulte elle-même avec son écorce verruqueuse, il appelle hardiment *truffinelles* ces spores, qui n'étaient pour lui que des truffes lilliputiennes. C'était une « vue de l'esprit, » à laquelle des dessins plus symétriques qu'exacts ne donnaient qu'un appui bien fragile : le seul fondement biologique qui semblât soutenir cette théorie, c'est l'observation ultérieure de Vittadini, qu'il aurait trouvé plusieurs fois, dans la substance des truffes d'été, de petites truffes dépassant à peine la grosseur d'un grain de millet ; mais, en supposant le fait exact et la vraie nature de ces corpuscules (Vittadini les appelle *germina*) bien constatée, on ne saurait y voir la preuve que la truffe se reproduit ainsi *viviparement*, par une sorte de gemmation intérieure qui en ferait assimiler les spores aux bulbilles ou bourgeons mobiles d'un très grand nombre de plantes. Rien n'empêche que dans le sein même de la truffe-mère certaines spores n'aient parcouru les phases d'évolution qui, chez les champignons en général, interposent entre la spore initiale et l'être adulte une formation intermédiaire appelée *mycélium* : seulement la chose est très improbable, et le fait lui-même rapporté par Vittadini l'est dans des termes trop vagues pour qu'il ne soit pas d'abord nécessaire de l'étudier en détail avant d'en tirer des conclusions. A plus forte raison doit-on tenir pour suspect ce que Geoffroy, de Borch et Gouan ont affirmé quant à la reproduction des truffes. Le premier prend évidemment les truffes blanches d'été (reconnues depuis comme espèces particulières) pour les filles des truffes noires d'hiver ; le second est un amateur dont les prétendues observations trahissent l'incompétence scientifique ; enfin, en disant qu'une truffe noire, enterrée dans du terreau de saule, lui donna comme résidu de sa pourriture « une quantité prodigieuse de petits grains, » Gouan assimile de confiance les grains en question aux spores des truffes, mais il ne donne pas la moindre raison de cette détermination arbitraire, fondée sur de pures apparences extérieures et non sur l'inspection microscopique.

Si les spores des truffes, les prétendues *truflinelles*, ne sont pas de simples réductions de la plante-mère, a-t-on pu du moins les voir germer et se faire une idée nette de leur développement en plante parfaite ? C'est sur ce point que la science doit avouer une importante lacune. Faute sans doute de connaître les conditions particulières de cette germination, on n'a pu la constater chez les nombreuses espèces du genre *tuber*. C'est seulement chez une fausse truffe, le *balsamia vulgaris*, que les recherches patientes de M. Tulasne en ont dévoilé les premières phases, savoir la formation d'un mycélium filamenteux dont on n'a pu suivre l'évolution ultérieure, mais sur lequel, on peut le présumer, devra naître et grossir la masse charnue ou réceptacle fructifié, constituant en apparence toute la plante. Circonstance assez-piquante, si l'on n'a pu suivre au-delà de son début la germination du *balsamia*, c'est au contraire dans sa phase moyenne seulement qu'on a pu saisir le développement de la truffe noire : encore les faits les plus curieux de cette phase évolutive sont-ils demeurés dans l'ombre ; mais ce qu'on en sait, grâce à la sagacité de M. Tulasne, est une découverte capitale dans ce sujet hérissé de difficultés.

Lorsqu'on récolte en hiver, ou tard dans l'automne, ou de bonne heure au printemps, les truffes noires, on les trouve dépouillées à leur surface de toute trace de filaments. On pourrait croire aisément qu'elles n'ont jamais eu de mycélium nourricier, et n'ont jamais ténu au sol par des filaments analogues à ceux dont la masse feutrée constitue pour les agarics de couche et autres ce qu'on appelle le *blanc de champignon*. L'analogie néanmoins ne cessait de protester contre ces apparences décevantes ; on voyait un genre de tubéracées, les *genea*, adhérer au sol par une touffe de fibrilles jouant le rôle de racines, mais représentant un mycélium persistant ; l'analogue de ces filaments se retrouvait, avec de moindres dimensions, chez le *terfez* ou truffe blanche d'Afrique. Chez le *delastrea rosea*, autre fausse truffe du Poitou, de la Touraine et des Landes, une couche mince de duvet mycélien s'étend sur le corps entier du tubercule ; même circonstance chez une vraie truffe, à laquelle la présence de ce duvet vaut le nom de *tuber panniferum* (truffe drapée) ; c'étaient là tout autant d'indices invitant à rechercher chez la truffe noire au moins les indices d'un appareil du même genre dont l'existence ne serait que passagère, et qui disparaît normalement de l'être adulte après en avoir assuré la première évolution. Ce que faisait prévoir dans ce sens la théorie, l'observation l'a pleinement confirmé. Le 6 septembre 1850, M. L.-R. Tulasne découvrait dans une truffière du Poitou de jeunes truffes grosses au plus comme une noix (à chair blanche par défaut de maturité, bien que ce fût l'espèce noire par excellence) et dont la masse solide était enveloppée d'un feutre blanc, serré, de 1 à 3 millimètres d'épaisseur. Cette enveloppe feutrée, formant cocon autour de la truffe, se reliait d'une part par des filaments intérieurs à l'écorce de la masse fructifère, d'autre part à tout un réseau lâche et délié de fils ou de flocons blanchâtres, courant çà et là dans le sol et présentant les caractères indubitables d'un mycélium. Le 24 septembre, l'auteur de cette découverte la renouvelait sur un autre point du Poitou. Ainsi rentrait sous la loi commune des productions fongiques un organisme qui jusque-là semblait s'y être dérobé ; la truffe, fille de la terre pour les anciens, devenait, comme le vulgaire champignon de couche, le fruit ou plutôt l'appareil sporifère d'un être dont la partie végétative disparaissait Me bonne heure, la masse fructifère s'affranchissant de cette nourrice comme l'enfant se sèvre du sein maternel.

Maintenant est-ce à ce rôle subordonné, bien que nécessaire, de nourrice que se borne l'importance du *mycélium* ? On a pu le croire tant qu'on espérait trouver sur la partie la plus apparente des champignons comestibles tous les éléments de leur reproduction ; mais la question s'étend et change de face dès que, profitant des découvertes toutes récentes, on cherche sur le mycélium lui-même les organes de la génération sexuée de ces êtres polymorphes. Ici nous touchons à des problèmes délicats et profonds dont la solution, même imparfaite, est un vrai titre de gloire, pour la cryptogamie contemporaine, et confirme avec éclat la théorie si féconde de la génération alternante.

Depuis que Micheli a fait connaître chez les agarics la poussière qui constitue les spores de ces champignons, c'est sur les lamelles occupées par ces spores que l'on s'est évertué à chercher les organes mâles dont beaucoup jugeaient la présence nécessaire pour une fécondation présumée. Peine inutile, car ces spores, placées quatre à quatre sur les quatre cornes d'une cellule qui leur sert de piédestal, ne sont pas des graines dans le vrai sens du mot : les graines véritables (nommées *oospores*, graines-œufs, chez les cryptogames) résultent toujours du concours de deux éléments sexués, c'est-à-dire d'une fécondation. Or les spores des lamelles des agarics ne sont jamais fécondées ; elles ne multiplient la plante qu'à titre de *propagules*, de cellules vraiment agames, répondant dans l'évolution générale de l'espèce à la génération *gemmipare* par cellules isolées. S'il existe de vraies *graines* chez les agarics, il faut donc les chercher ailleurs que sur la portion la plus apparente de ces plantes, celle qui pour les gens du monde la constitue en entier, savoir le chapeau avec ses lamelles, le pédicule ou pied avec ou sans collerette. Qui sait si les sexes de la plante n'abriteraient pas dans le mycélium souterrain leurs amours furtives ? L'histoire, on dirait presque le roman de la vie évolutive des fougères, ne donnait-elle pas à cet égard un avant-goût des étrangetés, des bizarreries sous lesquelles la nature semble s'être complu à dissimuler les noces des cryptogames ? N'avait-on pas vu les prétendues graines de ces belles plantes, si visibles à la face inférieure de leurs frondes, tomber sur le sol humide, s'y développer en une petite lamelle de tissu vert où se dissimulent les organes microscopiques répondant aux pistils et aux étamines des plantes supérieures, et produisant les vraies graines d'où s'élève par une véritable germination une fougère nouvelle ? Des alternances analogues entre les spores

Jules-Émile Planchon

(propagules non sexués, terme agame de l'évolution alternante) et les *oospores* (graines fécondées, terme sexué de cette même évolution) étaient connues chez les cryptogames supérieures, chez des algues, même chez des champignons ; on les soupçonnait chez les agarics eux-mêmes, et c'est en effet chez des espèces de ce genre que les recherches toutes récentes, presque simultanées par la date, concordantes par les résultats, de M. Rees en Allemagne, de M. Van Tieghem en France, ont découvert le secret de cette fécondation si longtemps et si vainement poursuivie.

Il est tout un groupe d'agarics qui poussent sur le fumier, sur l'humus ou au pied des arbres, et dont la substance fragile se décompose rapidement en eau noire comme de l'encre : les botanistes les appellent des coprins. Appliquant aux grosses spores d'une espèce de ce genre (l'*agaricus ephemeroïdes*) la méthode ingénieuse des germinations en petites cases cellulaires formées sur le porte-objet d'un microscope, M. Van Tieghem a pu suivre pas à pas l'évolution de ces spores isolées ; il a découvert ainsi les merveilleux phénomènes qui se cachent d'ordinaire sous le sol dans les conditions naturelles ou les champignons se développent. Une spore, placée entre deux verres, dans de l'eau de crottin de cheval, a produit un mycélium filamenteux rappelant une moisissure ; puis ont apparu sur ces filaments rampants des rameaux courts et dressés portant des houppes de petites cellules linéaires, espèces de bâtonnets dont le rôle comme organes mâles va se déceler et leur valoir le nom de *pollinides*. Une autre spore, évoluant parallèlement à la première, a donné sur son mycélium de grosses cellules (*carpogones*), sortes d'ampoules terminées par une papille comme mucilagineuse, véritable point d'imprégnation répondant par son rôle physiologique à ce que MM. Thuret et Bornet ont nommé *trichogyne* chez les algues-floridées. Tenus isolés, les bâtonnets et les ampoules se détruisent et restent stériles : rapprochés dans une même case, les bâtonnets se fixent sur les ampoules, isolément ou en petit nombre. Celui qui s'implante sur une papille d'imprégnation verse son contenu liquide dans l'ampoule, qui dès ce moment se divise par des cloisons en trois cellules superposées poussant de leur base extérieure des rameaux arqués, enchevêtrés, bientôt condensés en un petit tubercule blanc dont le développement ultérieur donne la partie aérienne du champignon : celle-ci, reproduisant sur ses lamelles les spores agames, va recommencer le cycle de cette singulière évolution.

Sans pousser plus loin l'exposé de ces curieux phénomènes, ni surtout l'assimilation avec les faits analogues que présentent d'autres cryptogames, nous pouvons en résumer en quelques lignes la signification générale. Il n'est plus absolument vrai de dire, comme on l'a fait jusqu'à présent, que le mycélium d'un champignon est un appareil purement végétatif, que la partie apparente du champignon (chapeau, lamelles, pied d'agaric) en est l'appareil fructifère : la vérité, c'est que ce dernier appareil ne répond qu'à la phase agame, gemmipare de l'évolution de l'être, que la phase sexuée répond au développement des organes mâles et femelles sur le mycélium lui-même. Végétatif d'abord, ce mycélium devient plus tard véritablement *fructifère*, lorsque des carpogones, fécondés et représentant les vraies graines, s'entourent d'un tissu compacte dont l'évolution graduelle par multiplication de cellules aboutit au champignon extérieur avec la forme qu'on lui connaît vulgairement. Cependant, si tel est le sens véritable des états divers d'un agaric, peut-on dire par analogie qu'il en soit de même de la truffe, dont les spores, au lieu d'être nues et très semblables, sinon identiques, à ce qu'on appelle ailleurs des *conidies*, naissent dans des cellules plus grandes appelées *thèques* ou *sporanges* ? L'observation directe pourra seule résoudre ce doute ; mais dès à présent toutes les probabilités sont pour qu'il se passe sur le mycélium des tubéracées, sinon la répétition exacte des faits de fécondation des agarics, au moins quelque chose qui se rattache à l'action mutuelle de deux cellules dont l'une joue le rôle de mâle et l'autre celui de femelle.[1] Quoi qu'il en soit de cette hypothèse, la voie est ouverte pour cette curieuse étude : c'est peut-être sur le mycélium fugace de la truffe que les vraies graines de cette cryptogame seront découvertes : tant que ce terme dans l'évolution de la plante restera à l'état d'énigme, le problème du semis direct des truffes manquera d'une de ses données essentielles. On sème une amande, il en sort un amandier, on sème des milliards de spores de truffes, peut-être pas une seule ne produira le mycélium sur lequel devront naître et se fé-

---

1 M. Henri Bonnet m'écrit que, dans son idée, la fructification vraie de la truffe est probablement analogue au phénomène de copulation entre cellules qu'ont décrite chez le *peziza confluens* M. de Bary, M. Woronino et M. Tulasne. C'est l'hypothèse qui me sourit aussi le plus, sauf vérification.

Jules-Émile Planchon

conder les graines dont une seule donnera la truffe. En un mot, la germination de l'amandier ne comprend qu'un terme, évolution de l'embryon en plante ; la germination de la truffe en contient deux, formation du mycélium par la spore, formation du corps même du tubercule odorant, probablement par une graine née et nourrie sur le mycélium. Or, ces deux termes étant encore inconnus, est-il surprenant que le semis direct de truffes n'ait donné jusqu'à ce jour que des résultats négatifs ou tout au moins très contestés ? Est-ce à dire néanmoins que le problème soit insoluble et qu'il faille en abandonner la poursuite ? La science ne connaît ni les vaines impatiences ni les découragements : elle pense que l'obscurité d'aujourd'hui s'illuminera peut-être de la lumière de demain ; elle croit à la solidarité des découvertes et sait attendre pour chacune le jour et l'heure propices. Seulement dans l'intervalle elle dédaigne bien moins qu'on ne croit les résultats de la pratique et de l'empirisme. C'est pour cela que, dans la question du semis des truffes, au lieu de s'en tenir, comme on l'en accuse, aux procédés soi-disant directs, elle proclame hautement l'efficacité du procédé indirect inventé par les paysans : le peuplement des *garrigues, galluches* ou autres friches incultes et nues au moyen d'essences appropriées, et par suite la création de truffières artificielles, incomparablement plus fertiles que les truffières naturelles de la région.

III

« Si vous voulez des truffes, semez des glands. » Cet aphorisme du comte de Gasparin résume avec concision et netteté le fait auquel plus de cinquante ans d'expérience, sur deux points opposés de France, ont donné presque l'autorité d'un axiome. Quelques détails historiques vont nous fixer sur l'origine de ce procédé de culture, dont l'explication rationnelle demeure problématique, mais dont la valeur pratique ne saurait plus faire doute aux yeux des sceptiques les plus endurcis.

Deux provinces se disputent l'honneur de la découverte des truffières artificielles : ce sont le Poitou, — non le Périgord, comme on aurait pu le croire, — et l'ancien Comtat venaissin ou, pour être plus précis, le territoire de Loudun, dans la Vienne, et celui du hameau des Talons, non loin de Saint-Saturnin-lès-Apt, dans le département de Vaucluse. La date exacte des truffières du Loudunais n'est pas bien certaine : M. le docteur Gilles de La Tourrette la fixe à peu près à l'année 1808 ; mais c'est seulement en 1834. qu'un botaniste, M. Delastre, fit connaître au congrès scientifique de Poitiers le fait alors si paradoxal de la production de truffes par semis de chênes, expérience due sans doute au hasard et qui trouva facilement des imitateurs dans un pays naturellement riche en truffes et possédant de grands espaces de terres rocailleuses dites *galluches*, où la propagation de ce produit créait une richesse inespérée. C'est néanmoins dans l'ancien Comtat que cette culture des truffes, inaugurée presqu'en même temps que dans la Vienne, a donné ses résultats les plus remarquables. Déjà dès le milieu du XVIIIe siècle un procureur-général au parlement d'Aix, M. de Monclar, avait fait dessiner un parc dans sa terre de Bourgane, entre Apt et Saint-Saturnin, en y semant, entre autres essences, des glands de chêne qu'il avait reçus de l'île de Malte : au bout de quelques années, il récoltait des truffes en abondance ; mais plus tard, les arbres, laissés à leur croissance naturelle, formèrent des massifs serrés, et dès lors la source des truffes se trouva tarie. En tout cas, cette leçon du hasard fut perdue pour le public : l'honneur de la découverte était réservé à un simple paysan, peut-être à deux, cousins germains et homonymes, les Joseph Talon du hameau des Talons, près de Clavaillant, commune de Roussillon-lès-Apt. La tradition semble pourtant établir la priorité en faveur de Joseph Talon, fils de Pierre, dont le cousin, Joseph Talon, fils d'Antoine, n'aurait été que l'imitateur. Les cultures du premier remonteraient à peu près à l'an X de la république française suivant quelques-uns, à 1810, 1814 ou 1815 suivant d'autres. Pauvre *rabassier* d'abord, c'est-à-dire simple chercheur de truffes, Talon avait, paraît-il, l'habitude de semer des glands dans les trous des truffières naturelles à mesure qu'il venait de les explorer. Sont-ce les effets de cette pratique qui lui révélèrent la fertilité truffière des chênes ainsi semés ? Est-ce simplement pour multiplier les chances d'avoir des truffes qu'il avait augmenté le nombre des chênes ? Toujours est-il que le succès couronna ces essais demi-conscients, et que l'aisance, la fortune même, furent le prix de cette heureuse inspiration. « C'est de là que je suis venu au monde, » *ei daqui que sieou vengu au mounde*, disait-il plus tard dans l'harmonieuse langue de la Provence en montrant le petit

Jules-Émile Planchon

champ où ses premiers chênes avaient récompensé ses premiers efforts. Aujourd'hui ses descendants directs, notamment son fils Hilarion, sont vraiment riches par la truffe ; ils en apportent en moyenne dans la saison de 15 à 20 kilogrammes par semaine sur le marché d'Apt, et de nombreux hectares de leurs cultures couvrent le sol rocailleux des vignes décimées par le *phylloxéra* dans la région voisine de Croagne dite le plan de Séoure ou la plaine de Sylla. C'est là qu'une tradition un peu suspecte place le champ de bataille où Sylla aurait défait les Cimbres et les Teutons quelque temps après la grande victoire remportée sur ces barbares par Marius dans la région d'Aix. Quoi qu'il en soit, dit l'abbé Boze dans son *Histoire de la ville d'Apt* (1813), ce lieu fut témoin de quelque combat, puisque la charrue y déterre des armes antiques, trace probable de la guerre dans un pays où tout rappelle la domination romaine. Autre temps, autres mœurs ! peut-on dire ; au-dessus des souvenirs sanglants de la guerre, l'agriculture étend ses bienfaits, et l'inspiration d'un paysan a créé pour tout un pays la source d'une richesse nouvelle.[1]

Cependant le secret de Joseph Talon ne pouvait échapper long-temps à l'attention un peu jalouse de ses voisins. Le soin même qu'il prenait d'écarter les troupeaux de ses semis était un indice révéla-teur de ses espérances : bientôt son homonyme, le fils d'Antoine, eut aussi ses chênes à truffes ; puis vinrent Etienne Carbonnel et Vaison, du hameau de Clavaillant ; enfin, le procédé devenant pu-blic, l'application s'en fit peu à peu tout autour d'Apt, par exemple sur les contre-forts du mont Luberon, sur le territoire de Buoux, où M. le président Guillibert et M. Étienne Bonnet, le premier en 1834, le second en 1835, firent leurs premiers semis. Tout près de là, M. Jacques Agnel, du hameau des Agnels, commune d'Apt, inaugurait dès 1839 ses cultures de chênes à truffes, aujourd'hui des plus étendues et des plus productives de la région ; elles ne couvrent pas moins de 28 hectares, dont 21 ont exigé, comme frais de plantation, une avance de 4,000 francs ; je dis plantation, car c'est de ce procédé que s'est servi M. Jacques Agnel. Il avait essayé

---

1 Tous les renseignements que je donne sur l'origine de la culture de la truffe dans le Comtat sont dus à M. le Dr de Ferry de La Bellone, chez qui j'ai eu le bonheur de trouver, pour l'étude des truffières de l'arrondissement d'Apt, non-seulement l'hospitalité la plus gracieuse, mais aussi ce concours actif et intelligent dont l'habitude des méthodes scientifiques fait une véritable collaboration.

d'abord des semis, et, voyant que les glands ne levaient pas, il s'aper-
çut que les alternatives du dégel, soulevant ou laissant s'affaisser la
croûte du sol, cassaient les tigelles naissantes des jeunes pieds en
germination. Ainsi se formait par degrés dans la région d'Apt une
véritable école de trufficulture, prélude modeste de la révolution
qui se préparait dans tout le territoire du Comtat et des départements limitrophes. Pendant bien des années, cette culture reste
confinée dans un rayon très étroit autour du hameau qui l'avait vue
naître. Le jour vint pourtant où la renommée en proclama l'importance, et, comme il arrive souvent en pareil cas, le nom du vul-
garisateur jeta dans l'ombre celui de l'inventeur. Un grand négociant de truffes de Carpentras, M. Rousseau, frappé des succès de
Joseph Talon, eut l'idée de transformer en truffière artificielle, par
des semis de chênes verts, une terre dite Puits-du-Plant, située aux
portes de Carpentras. Ce terrain ingrat ne donnait en seigle que
180 francs à l'hectare, paille comprise, soit 90 francs pour la part
du propriétaire et autant pour le métayer : humecté par les écou-
lements d'eaux voisines, le sol, formé de cailloux roulés siliceux
et calcaires, unis par un ciment naturel et reposant sur un sous-
sol de poudingue presque imperméable, dut postérieurement aux
semis des chênes être drainé par des canaux d'assainissement sur
une longueur de plus de 1,000 mètres. Les premiers semis faits en
1848, ou, pour être plus exact, en novembre 1847, sur 2 hectares,
le furent en lignes espacées de 4 mètres et orientées dans le sens du
nord au sud ; en 1850, 2 hectares 1/2 furent semés avec des espace-
ments de 5 à 6 mètres entre les lignes, permettant l'intercalation de
rangées de vignes. La distance entre les pieds de chêne d'une même
ligne n'étant que de 1m,50 à 2 mètres, c'est-à-dire beaucoup trop
faible, M. Rousseau reconnut lui-même l'opportunité d'enlever un
des jeunes arbres sur deux.

Des semis successifs ou des repiquages de chênes verts ou blancs
portèrent le peuplement total, à la date de 1862, jusqu'au chiffre
de 7 hectares 80 ares. Dans l'intervalle, la récolte des truffes avait
commencé sur les lots les plus anciens ; le semis de 1848 donna
trois truffes dans l'hiver de 1852-53 ; en 1853-54, cinquième année, 4 kilogrammes, l'année d'après 15 kilogrammes de belles et
grosses truffes qui figurèrent à l'exposition universelle de 1855 et
firent sensation dans le monde des agriculteurs à cause de leur ori-

Jules-Émile Planchon

gine. La médaille de 1re classe, accordée à ce produit par le jury, s'appliquait néanmoins non pas aux truffières artificielles, mais aux conserves de truffes exposées par M. Rousseau. Dès ce moment, grâce à la presse parisienne, l'attention se porta vivement sur cette branche de culture, qui semblait se révéler comme nouvelle. Un rapport de M. le comte de Gasparin sur les truffières du Puits-du-Plant vint donner en 1856 une sorte de consécration à l'excellence du procédé de Talon, popularisé par M. Rousseau. A la date de 1867-68, en dix-neuf ans, dont douze à peine de récolte effective, les sept premières ne comptant guère pour la production, le revenu des 7 hectares 80 ares se traduisait par 2, 802k, 90 de truffes vendus 39,421 fr,, sans compter 3,015 francs de produit des vignes cultivées dans les intervalles des lignes de chênes. Notons que, sur cette étendue de culture, une part seulement (2 hectares) remonte comme semis à l'année 1847, une autre part (2 hectares 1/2) à l'année 1850, le reste s'échelonnant entre cette dernière date et l'année 1862. On ne peut donc pas asseoir sur des données aussi peu régulières un calcul exact de rendement moyen de l'hectare ; d'autres causes de la diversité des données viennent des inégalités dans le mode de plantation, des accidents survenus dans la production par les erreurs inévitables au début d'une culture peu connue. On pourra voir tous ces détails dans un tableau synoptique où M. Valserres dresse le bilan des cultures en question pour une période de dix-neuf ans. On lira surtout avec intérêt les conclusions que l'auteur tire de ce tableau en en groupant les données en trois périodes : la première, de 1 à 10 ans, donne pour 8 hectares (dont 2 1/2 ne devraient pas compter, puisqu'ils ne sont pas en rapport) un revenu annuel de 41 francs par hectare, plus de trois fois moins que les frais généraux, estimés à 127 francs ; la seconde, de 11 à 15 ans, donne déjà 430 francs par hectare ; la troisième enfin, de 16 à 19 ans, produit 590 francs par hectare, soit, en retranchant 122 francs de frais, un revenu de 468 francs pour une terre qui ne rapportait auparavant que 90 francs au propriétaire. Ces quelques détails de statistique sont loin de devoir faire loi pour déterminer la moyenne exacte du profit que peut donner dans le Comtat la transformation en truffières de terres souvent presque sans valeur, ou ne servant que de maigre pacage aux moutons. Sur ces espaces rocailleux où le thym lui-même refuse de croître, le semis des chênes peut en huit ou dix ans créer par la récolte des truffes une véritable richesse dont la durée s'étendra loin dans l'avenir, et qui s'accroîtra d'année en année jusqu'au moment où les arbres rapprocheraient trop leurs cimes et créeraient à la truffe des conditions défavorables de mauvaise aération ou d'ombrage trop dense ; mais dans ce cas même l'éclaircissement des arbres par suppression graduée pourrait prolonger la fertilité de la truffière ; enfin, dût celle-ci tarir, on aurait réalisé au profit du pays entier la transformation la plus désirable dans une région brûlée du soleil, désolée par les sécheresses. Le reboisement par des essences robustes prépare en effet aux générations futures des ressources en bois qui manquent aux populations actuelles, et surtout modifie, avec le tapis végétal, les conditions climatologiques locales, le régime des eaux de la contrée. Ce résultat indirect de la création des truffières artificielles, bien que le moins apparent aux yeux des contemporains, naturellement pressés de récolter ce qu'ils sèment, est peut-être le plus important à l'égard de l'avenir. Or, comme le dit un excellent juge en ces matières, M. l'inspecteur Bedel, « la truffe fera peut-être pour la restauration des bois des montagnes de Vaucluse plus que la crainte des inondations, plus que les règlements d'administration publique, plus que la loi de 1860 relative aux reboisements. Accueillie comme un bienfait par le département de Vaucluse, cette loi a reçu dans les terres les plus ingrates de ce pays son application immédiate ; le paysan, d'habitude si rebelle aux règlements qui le forcent à suspendre la vaine pâture, s'est montré cette fois docile aux conseils d'administration publique : l'état, le département, les communes ont secondé ces bonnes dispositions, que les écrits de MM. Loubet, des Isnards, Blanchard, Bedel, de Ferry de La Bellone, Bonnet, etc., avaient préparées ; mais le vrai magicien dans cette transformation rapide, c'est la truffe flairée en espérance, c'est le *diamant noir* caché dans le sol et que le paysan avisé saura transformer en écus sonnants sur les marchés d'Apt et de Carpentras.

Dans cet élan heureux vers le reboisement des terres *hermes* (vacants stériles), la petite commune de Bédouin a pris la tête. Les pentes méridionales du Ventoux, largement étalées, inondées de soleil, nourrissent dans leur zone inférieure, jusqu'à 800 mètres environ, les légions odorantes des thyms, des lavandes et des ro-

Jules-Émile Planchon

marins, station naturelle du chêne vert, dont les touffes rabougries ne donnaient que de maigres récoltés de truffes. A partir de 1858, mais surtout après la loi de 1860, le semis régulier des chênes dans les terres communales de Bédouin a couvert des espaces qui, dès 1862, comptaient 1,054 hectares. Par une heureuse rivalité, d'autres communes sont entrées dans ce mouvement. Le pied du Ventoux, du côté du sud, sera bientôt une immense truffière artificielle. D'autres localités étaient déjà classiques pour cette culture : par exemple l'*Ouvière de Croagne*, les environs de Roussillon, de Saint-Saturnin, les Buoux, les Agnels, sur les contre-forts du Luberon. Partout dans cette région montagneuse d'Apt, la truffe a donné aux terres incultes une valeur exceptionnelle, si bien que, tel paysan ayant acheté 500 francs, il y a quinze ans, un hectare de *garrigue* rocailleuse et dénudée, en retire en moyenne dans une campagne de trois à quatre mois un revenu net de 1, 500 francs. Un chiffre fera d'ailleurs comprendre d'une façon saisissante l'importance de cette récolte. Dans le département de Vaucluse, M. Chatin en estime le revenu annuel à 3,800,000 francs, tandis que les truffières de la «Vienne n'en donneraient que 250,000. comme richesse dans ce genre de récolte (en y comprenant les truffières naturelles), les Basses-Alpes et le Lot viendraient en seconde ligne, avec 3 millions de francs chacune, tandis que le département de la Dordogne, si renommé dans les fastes gastronomiques, ne produirait que pour 1,200,000 francs de truffes, la Charente en donnerait pour 400,000, et la Charente-Inférieure pour 100,000 francs seulement. Je renvoie au livre de M. Chatin pour les détails de cette statistique, non sans faire observer, en dehors de toute intention de critique, que les données sur de tels sujets sont trop vagues et trop imparfaites pour qu'on puisse les accueillir avec une confiance absolue. La seule vérité qui se détache nettement de ce tableau, c'est qu'en dehors du Lot, auquel ses vastes terrains jurassiques créent d'immenses ressources comme truffières naturelles, la production des départements du sud-est, notamment des bassins du Rhône et du Var, est infiniment supérieure à celle des départements de l'ouest. Quant aux départements du centre, Côte-d'Or, Haute-Marne, Nièvre. Indre-et-Loire, les proportions en sont insignifiantes ; mais partout où la vigne prospère, où les terrains argilo-calcaires prédominent, où les chênes sont l'essence principale dans la végétation arborescente du pays, partout où la truffe noire existe naturellement, les procédés de culture indirecte pourraient multiplier dans de fortes proportions ce précieux revenu. Admirablement servie à cet égard par la nature de ses terrains et de son climat, la France, déjà reine du monde gastronomique par ses grands vins, par ses goûts de bonne chère, trouverait dans la culture de la truffe des produits que l'univers entier s'empresserait de consommer. La voie dans ce sens est déjà ouverte ; mais, grâce au nombre toujours plus grand des amateurs, il n'est pas à craindre que l'avilissement des prix pour cet aliment de haut goût résulte d'une production même décuplée, ; la truffe sera toujours un objet de luxe, et le luxe se paiera toujours, tant que le bien-être général créera le besoin et la possibilité de jouissances sous la forme raffinée dont Brillat-Savarin s'est fait le spirituel panégyriste.

Les détails techniques sur la création, l'entretien, l'exploitation des truffières artificielles seraient déplacés ici ; on les trouvera dans les ouvrages de MM. Chatin, Valserres, dans les publications des sociétés agricoles d'Avignon, de Carpentras, d'Apt et généralement des régions où cette culture est en honneur. Semis en lignes, plantations, recépages, labours de printemps, irrigations éventuelles dans les mois de grande sécheresse, tout cela, très intéressant pour le praticien, le serait moins pour le public des simples curieux ; d'ailleurs d'autres questions plus générales nous ramènent à l'étude scientifique des truffières. Telle est en première ligne la théorie dite des *chênes truffiers*, ou plutôt, pour élargir le sujet, la discussion des conditions encore mal définies où la truffe se développe.

IV

Les anciens n'ont pas connu les rapports de coexistence entre la truffe et certaines essences forestières. Cela tient sans doute à ce que leur truffe était non pas la truffe noire ni l'une des espèces voisines à surface ciselée en tubercules, mais bien la fausse truffe, blanchâtre et lisse, à laquelle les Arabes ont donné le nom de *terfez*. Celle-ci vient presque toujours dans les sables, parmi des espèces ligneuses ou même herbacées de la famille des cistes, dont quelqu'une, selon la judicieuse remarque de Clusius, pourrait bien être l'*hydnophyllon* (plante à truffe) dont parlent Pamphile et

Jules-Émile Planchon

Athénée. Le nom de *turmera*, que les Castillans donnent encore au *cistus salicifolius*, rappelle le mot *turmas*, qui leur sert à désigner le terfez. Une autre espèce de ciste ou d'hélianthème doit son nom de *tuberaria* à la réputation qu'elle avait dans l'antiquité d'indiquer la place des truffes ; enfin le terfez, si commun en Algérie, s'y rencontre d'habitude sous les touffes d'une cistinée sous-frutescente, le *cistus halimifolius*. Ce terfez est, par excellence, la truffe des sables où la silice domine, et, comme les cistes en question recherchent ce même terrain, il se peut que la présence simultanée des deux types ciste et truffe ne soit qu'une pure cohabitation par similitude de besoins, au lieu d'être une relation de parasite à plante nourricière.

Quant à la truffe noire par excellence, une expérience plusieurs fois séculaire a prouvé que la station ordinaire en est dans le rayon occupé par le système radiculaire d'arbres ou d'arbustes parmi lesquels les chênes à feuilles caduques ou feuilles persistantes occupent le premier rang. M. Chatin ne compte pas moins de trente-neuf de ces essences supposées truffières ; mais il reconnaît volontiers que la liste en est probablement trop longue, soit que des truffes autres que la *mélanospore* aient été confondues avec ce prototype du genre, soit que l'enchevêtrement des racines avec les arbres vraiment truffiers ait fait prendre pour tels des végétaux qui ne le sont pas. En employant ce mot *truffier* dans le sens d'arbre ou d'arbuste abritant les truffes (sans s'expliquer sur le caractère de l'association entre l'essence ligneuse et la cryptogame), on peut compter comme tels les chênes dont les noms suivent : 1° chêne kermès ou garouille des Languedociens, petit arbuste à feuilles vertes et piquantes, couvrant de ses touffes d'immenses friches ou *garrigues* rocailleuses, 2° le chêne yeuse, *ilex* des anciens, base des taillis de la région méditerranéenne, 3° le chêne pubescent, forme du chêne blanc à glands sessiles, la plus répandue dans le midi, et que M. Chatin assure également être la base des truffières naturelles et artificielles du Poitou et du Périgord. Dans ces deux provinces, on l'appelle *chêne noir*, tandis que c'est le chêne blanc pour les Provençaux. Lent dans sa croissance, mais adapté aux terrains arides, ce serait parmi les chênes à feuilles caduques l'essence truffière par excellence, tandis qu'une forme pubescente du rouvre à glands pédoncules, nommé chêne blanc dans le Loudunois, rechercherait les lieux frais et ne donnerait que peu ou pas de truffes. Viennent ensuite : 4° le chêne rouvre à fruits sessiles et à feuilles glabres, chêne noir dans quelques provinces, il aimerait les terrains secs et passerait pour essentiellement truffier ; mais M. Chatin le subordonne à cet égard à sa forme pubescente ou chêne blanc de Provence ; 5° chêne blanc à fruits pédoncules, à feuilles glabres, cité comme truffier en Poitou et en Périgord, mais douteux à cet égard à cause de sa prédilection pour les lieux frais. Il y faut ajouter le noisetier, le charme, le châtaignier (rarement, mais sûrement en quelques cas), le hêtre, le bouleau, le pin d'Alep et le pin sylvestre, l'épicéa, le cèdre, les genévriers, les rosiers sauvages ou cultivés, le prunellier, l'aubépine, le sorbier, la ronce et quelques autres plus douteux à l'égard de la production truffière. Je supprime même de la liste le figuier, l'olivier et la vigne, parce que les truffes récoltées dans les vignobles et les vergers le sont le plus souvent près des racines d'autres arbres faisant bordure autour des terres cultivées.

Une observation générale me semble se dégager de cette énumération d'essences regardées comme truffières : c'est que toutes ont du tannin en proportion assez forte parmi leurs principes immédiats. Je note le fait sans essayer d'en déduire aucune explication théorique ; mais, dans une question encore obscure, les circonstances futiles en apparence peuvent servir parfois de jalons vers la recherche des vérités inaperçues. Or, sur la relation de la truffe aux chênes, — pour se borner à ces essences, — l'obscurité, le doute tout au moins, entoure comme d'un voile toute interprétation rationnelle des faits empiriquement constatés et pratiquement utilisés. Essayons pourtant d'exposer sans parti-pris les théories divergentes, laissant à l'observation, à l'expérimentation ultérieure, le soin de dénouer ces difficultés, qu'il serait prématuré de vouloir trancher.

Et d'abord la truffe est-elle *parasite* de l'arbre au pied duquel on la trouve ? Lui demande-t-elle un aliment au moins pendant une période de sa vie ? N'emprunte-t-elle au contraire à ses racines que des excrétions particulières ou même plus simplement un terreau formé par le détritus du chevelu radiculaire ? L'arbre n'agirait-il que par son ombre ou par son action de drainage exercée dans le sol ambiant ? ou bien ne devrait-on voir dans l'association de la cryptogame et de l'essence ligneuse qu'une simple coïncidence amenée par la communauté des besoins et des conditions ?

Si l'on devait entendre par parasitisme la nutrition directe et permanente de la truffe aux dépens de la racine du chêne, trop de faits combattent cette hypothèse pour qu'on puisse sérieusement s'y arrêter. Haller ne hasarde qu'avec doute une pareille conjecture ; c'est pour avoir pris à contre-sens certaines expressions de Pline, *tubera nullis fibris nixa aut saltem capillamentis*, que M. Robert a cru trouver dans ce texte l'assertion que les truffes tiennent aux racines des plantes ; enfin les prétendus exemples d'une telle connexion laborieusement amassés par M. Bressy, de Pernes,[1] attestent plus d'ardeur de recherches que de discernement des faits dans un sujet où les apparences prennent si facilement la place des réalités. Toutefois, entre ce parasitisme complet avec connexion directe, nécessaire et prolongée, et l'indépendance absolue de la cryptogame, il y a bien des degrés de parasitisme temporaire, facultatif, imparfait, où même de demi-parasitisme dont les champignons offrent de fréquents exemples. Tel mycélium de mucorinée peut, suivant les circonstances, s'attacher à des radicelles vivantes, ou bien s'étaler sur les mêmes organes déjà morts. Les champignons qui semblent vivre du sol végètent en réalité dans les détritus organiques constituant un substratum qui garde encore quelque chose des tissus naguère vivants : les botanistes appellent *saprophytes* ces organismes ainsi voués à se nourrir de détritus d'autres végétaux ; or la limite entre les *saprophytes* et les parasites vrais est si peu tranchée que la même famille de plantes, les orchidées par exemple, présente à côté de formes suceuses de plantes, comme le *corallorhiza innata*, d'autres types, comme le *neottia nidus avis*, qui, malgré l'absence de couleur verte dans leur tissu et malgré leurs traits de parasites, n'ont avec les plantes environnantes aucune connexion organique appréciable.

Il se pourrait néanmoins que cette indépendance apparente de plantes à faciès parasitique n'existât pas à toutes les périodes de leur vie. L'impossibilité d'en obtenir la germination et l'évolution par le semis ordinaire semble être la preuve implicite que nous ignorons quelque circonstance essentielle dans leur mode d'existence, et peut-être une de ces conditions serait-elle une liaison tempo-

---

1 *Étude théorique et pratique de la truffe*, dans les *Annales de la Soc. littér. et artist. d'Apt*, année 1871, in-8°.

I - le mode de reproduction et la culture

raire et fugace entre la plante naissante et les racines ambiantes. Pour la truffe en particulier, la question se pose avec d'autant plus de vraisemblance que l'on ignore absolument la germination des spores et le premier état du mycélium, comme aussi la destinée de ce lacis de fils nourriciers, à partir du moment où les jeunes truffes, en quelque sorte sevrées, achèvent de grossir et de mûrir dans le sol en absorbant directement par leur surface les éléments nécessaires à leur croissance. Le mycélium disparaît-il tous les ans dès que son rôle de *nourrice* est terminé ? Persiste-t-il après cette période à l'état fragmentaire et latent, mais avec la faculté toujours présente de renaître à l'activité et de repulluler en filaments truffigènes dès que les pluies tièdes seront venues lui rendre la fécondité ? Questions encore sans réponse, mais que l'observation sera sans doute capable de résoudre. Alors seulement on saura si la vie entière de la truffe est comprise dans l'espace d'une année, ou bien si le mycélium vivace et pérenne comme celui du champignon de couche peut demeurer la source intermittente des générations annuelles des truffes dont la persistance au même lieu constitue la truffière naturelle. Une circonstance pourrait faire supposer que le mycélium en question se renouvelle tous les ans : c'est que l'on peut impunément et même avec avantage soumettre à des labours printaniers la terre qui recèle les truffières ; au contraire l'opération faite en été ou en automne au moyen de pics bouleversant profondément le sol est désastreuse pour les truffières les mieux établies. Un truffier de Tullins (Isère) montrait un jour, les larmes aux yeux, à M. Chatin, la belle *trifouillère* qui lui avait donné 500 truffes en un seul hiver, et qui ne *marquait* plus depuis quinze ans à la suite du passage des *drômains* ou rabassiers marrons de la Drôme. Ceux-ci, peu soucieux de l'avenir, avaient tout fouillé jusqu'à la profondeur de la *pierre à fi* (pierre à feu), sorte de poudingue siliceux. Les faits de ce genre sont très connus dans les régions à truffes : les rabassiers, exploitant leur propre fonds, ménagent la source de leur aisance en ne fouillant le sol que juste à la profondeur voulue, et rejetant pour cela l'emploi des instruments tranchants ; mais, pour si constants que soient ces fâcheux effets du fouillis intempestif ou du bouleversement des truffières, on pourrait les expliquer autant par la destruction des radicelles des arbres que par celle des filaments mycéliens. Ceci nous ramène donc toujours à l'éternelle

Jules-Émile Planchon

question des relations de l'arbre supposé truffier à la truffe qui se développe sous l'influence plus ou moins directe de ce compagnon habituel. Écartons en effet le parasitisme même temporaire, le sort de la cryptogame n'en semble pas moins lié à celui de l'arbre. Que l'on recèpe un gros chêne autour duquel les truffes se récoltaient tous les ans, la fécondité truffière s'arrête ; qu'on écorce l'arbre, qu'on le mutile en lui retranchant de grosses branches, cette fécondité truffière diminue, telles sont du moins à cet égard les idées courantes parmi les truffiers de tout pays : M. de Ferry me les a fait recueillir tout autour d'Apt de la bouche des paysans, notamment d'Antoine Chabaud, rabassier intelligent de la région de Buoux.

On a peine à croire qu'une idée si générale ne repose pas sur une observation juste : la chose pourtant, au dire de M. Henri Bonnet, souffrirait des exceptions. Dans une lettre de cet excellent observateur (décembre 1874), je trouve noté comme fait certain que le recépage d'une plantation de chênes verts dans les truffières artificielles de feu le président Guillibert a non pas arrêté, mais simplement diminué la récolte de la cryptogame. M. Bonnet, adversaire décidé du parasitisme de la truffe, pense que les effets *dépressifs*, sinon *suspensifs*, du recépage des arbres sur la production des truffes viennent surtout des changements apportés par l'opération dans les conditions du milieu. Que le recépage des arbres soit suivi d'une année humide, la truffière ne perdra qu'en partie sa fécondité ; qu'il intervienne au contraire une année sèche ou de moyenne humidité, la truffière souffrira de cette exposition en plein soleil, succédant au demi-ombrage qui semble être une condition favorable à la cryptogame souterraine. « Les arbres, nous écrit M. Bonnet, créent à la terre qu'ils peuplent un climat local et spécial. » — « La culture de la truffe, a dit aussi M. Bedel, consiste en un peuplement de chênes, par des glands truffiers, dans certaines conditions d'espacement, de sol et de climat. » Retranchons l'idée plus que contestable des glands truffiers, et ce résumé du côté pratique de la question pourra sembler l'expression de faits d'ensemble, tout en laissant dans le vague les points les plus essentiels du problème biologique de l'évolution de la truffe.

Pour ceux qui nient tout rapport direct et nécessaire entre la truffe et les essences dites truffières, la présence des racines de ces essences dans l'espace occupé par la truffière ne serait pas indispensable : M. Henri Bonnet me parle de truffes trouvées à 26 et jusqu'à 50 mètres d'arbres quelconques. « J'en ai mesuré, ajoute-t-il, devant témoins à la première distance : Constantin et d'autres trufficulteurs m'ont affirmé avoir trouvé des truffes à la deuxième, et l'on m'a montré la place où vivait cette truffière, aujourd'hui remplacée par une vigne. » Toute ma déférence pour le savoir et l'expérience de M. Bonnet ne peut me faire accepter sans réserve la validité de ces arguments comme preuve de l'indépendance absolue des truffes par rapport aux arbres dits truffiers. Dans ces cas de truffières éloignées des arbres, est-on bien sûr que des racines d'églantiers, de ronces, de genévriers, ne tenaient pas la place des chênes ? A l'appui de ses idées à cet égard, M. Bonnet, après le docteur Michel, cite le célèbre Léon Dufour parlant « d'une grosse truffe blanche, fort insipide, qui croît dans le sable des Landes, à 1 kilomètre de toute espèce d'arbres ; » mais l'argument tourne justement contre son but, car il est facile de reconnaître dans cette truffe le terfez, c'est-à-dire la truffe des sables, compagne habituelle des cistes et non des chênes.

C'est pour ne pas contredire sans preuves évidentes et décisives les idées courantes sur la connexion au moins indirecte entre la truffe et les essences dites truffières que j'oppose aux idées contraires non pas une dénégation positive, mais des scrupules que je demande à voir dissipés par des arguments sans réplique. Au fond, ma pensée sur ce point se rencontre avec celle de M. Bonnet ; pas plus que lui, je ne m'arrête à la théorie des excrétions des racines invoquées pour la nutrition de la truffe : le fait même de ces excrétions est encore très controversé dans la science, leur rôle en tout cas serait des plus problématiques ; les radicelles des arbres peuvent agir sur la truffe autrement que comme nourrices, leur pourriture graduelle enrichit le sol d'un terreau particulier ; comme organes de succion, elles modifient l'état hygrométrique du sol ; l'extension rayonnante des truffières dans un périmètre de plus en plus large à mesure que l'arbre grandit pourrait tenir autant à l'expansion correspondante du système radiculaire qu'à l'influence de l'ombre croissante avec les années. Bref, si l'on veut, en tenant compte des faits, en réserver à l'avenir l'interprétation scientifique, on constatera seulement que la croissance de la truffe est liée à tout un ensemble de conditions dont le sol, le climat, la présence de certains arbres, forment les

Jules-Émile Planchon

traits les plus apparents ; mais, cela dit, le problème biologique demeure aussi vierge qu'auparavant. Comment la truffe profite-t-elle de ces conditions ? par quelle voie ses germes sont-ils transportés dans le sol, y germent-ils, végètent-ils, arrivent-ils surtout à se reproduire ? Sur tout cela, mystère ; or tout cela, c'est peut-être l'essentiel.

La création des truffières artificielles par semis ou plantation de chênes est un fait d'expérience sur lequel tout le monde est tombé d'accord. Où les dissentiments commencent, c'est sur la théorie dite du *chêne truffier*. De tout temps, les chercheurs de truffes ont constaté des inégalités frappantes dans la distribution des truffières naturelles : tel pied de chêne était noté comme stérile au point de vue de la truffe, tel autre comme d'une fertilité longtemps prolongée. Fallait-il voir dans ces différences le résultat complexe des conditions du milieu ? pouvait-on en chercher l'origine dans les qualités propres, individuelles, du chêne lui-même, et, ces qualités truffigènes ou non une fois admises, devait-on les supposer héréditaires dans la descendance de ces arbres ? En d'autres termes, les glands d'un chêne truffier donneraient-ils des chênes fertiles en truffes, par opposition aux glands non truffiers, qui donneraient des chênes stériles ? Adoptant cette hypothèse, M. Rousseau, dans le premier établissement de ses truffières du Puits-du-Plant, employa des glands pris sur les chênes des truffières d'Hilarion Talon. Le succès de ses propres cultures lui parut tenir au moins en partie à ce choix. Préconisée par M. Loubet, adoptée et propagée par M. Martin Ravel.de Montagnac, la théorie du chêne truffier eut dès ce moment sa place, dans les livres, les journaux et dans le monde des praticiens. Elle supposé pourtant d'une part la nécessité d'une relation directe entre le chêne et la truffe, d'autre part la faculté truffigène passée à l'état héréditaire, deux choses qui pour être admises demanderaient tout au moins les preuves directes qui leur ont fait défaut jusqu'à ce jour. Dans les termes absolus où cette question se pose, on conçoit qu'elle n'ait pu séduire tes esprits habitués à la rigueur des méthodes scientifiques. Que les glands d'un pays à truffières naturelles aient plus de chances que des glands pris en dehors de ces conditions à servir de base aux truffières artificielles, c'est une idée qui peut à la rigueur se soutenir, et dont il y aurait quelque prudence à tenir compte dans la pratique ; mais alors nous

I - le mode de reproduction et la culture

rentrons tout simplement dans le fait général que l'expérience a bien établi, savoir l'apparition certaine de truffes dans les terrains favorables, sous un climat approprié, par le semis de glands pris au hasard sur les chênes de la région. Sur ce point, l'assertion d'un observateur tel que M. Henri Bonnet vaut bien les hypothèses gratuites des hommes qui propageaient hier encore la théorie de la mouche truffigène.

Dans la pensée de quelques-uns des partisans des chênes truffiers, les glands de ces chênes récoltés au pied de l'arbre seraient les véhicules des spores de truffes. Rien ne s'oppose en effet à ce que des granules microscopiques, en les supposant sortis du soi après destruction de leur réceptacle, adhèrent aux anfractuosités de la cupule ou du pinceau de poils qui couvre la pointe du gland ; mais les probabilités les plus grandes sont pour le transport direct de ces spores d'un point souterrain à un autre par l'office inconscient des insectes. En ce sens seulement, les mouches et les coléoptères pourraient avoir un rôle indirect dans la propagation de la truffe ; mais tout cela repose sur une hypothèse et sur une considération accessoire : la présence sur les spores de pointes ou de rugosités pouvant faire adhérer ces germes au corps des insectes qui sortent d'une truffe pour en visiter une autre. La nature ne faisant rien pour rien, ces crampons des spores se présentent comme l'indice possible de leur transport à distance au moyen de quelque cause animée.

Il est temps de sortir des conjectures. Revenons-en au fait brut et positif : production indirecte des truffes par les reboisements en chênes. Ce fait capital, résultat d'une expérience répétée et prolongée, domine heureusement tous les débats théoriques : le semis *direct* de la truffe, en le supposant possible, aurait peut-être moins d'importance agricole que la méthode indirecte ; il créerait la trufficulture de jardin, chose désirable pour les gourmets, mais il détournerait des reboisements, gage anticipé d'une richesse dont la truffe est le premier terme à courte échéance, dont la forêt ou le taillis tout au moins représente les bienfaits dans l'avenir.

Ici se termine la première partie, la plus ingrate, la plus difficile, de notre étude sur la truffe. Associée au sort du chêne, la précieuse cryptogame se dérobera longtemps encore à l'attente impatiente du semeur de glands ; cependant le jour vient où cette moisson

Jules-Émile Planchon

souterraine est prête. C'est l'heure de la cueillette, des profits sonnants, pour le propriétaire, pour le commerçant, l'heure des jouissances pour les gourmets du monde entier. Cette période nouvelle
dans l'histoire du *diamant de la cuisine* sera l'objet d'une prochaine
étude qui complétera celle-ci.

II. La récolte et le commerce de la truffe

La première phase de la production indirecte de la truffe est pour
le cultivateur celle des sacrifices et du long désir ; moins favorisé
que le laboureur, le semeur de glands n'a pas la joie de voir croître
en plein soleil l'objet de son espérance. Sa moisson à lui est souterraine, obscure, irrégulière : elle échappe à tout regard, et dans
les conditions les plus favorables demande huit ou dix ans pour
livrer ses premiers fruits. Quelques produits de cultures dérobées,
maigres céréales, vignes plantées en interlignes dans les vides entre
les rangées de chênes, ne sont qu'un mince palliatif pour une si
longue attente. Le jour vient pourtant où tant de peine et tant d'an-
xiété trouvent leur salaire. Sous cette terre nue et rocailleuse de la
truffière, au pied de ces chênes buissonneux qui forment à peine
les rudiments d'un taillis, un vrai trésor encore caché aux yeux des
profanes se révèle au paysan, qui trouve dans l'exploitation régulière de ce fonds nouveau les éléments d'une aisance et d'un bien-
être inconnus à ses jeunes années. Ici donc s'ouvre une phase heureuse dans l'histoire de la truffe : c'est la récolte avec ses incidents
variés, la vente avec ses habiletés et ses ruses, puis le commerce
lointain avec ses visées ambitieuses, enfin le but où convergent tant
d'efforts, la gastronomie apportant au monde entier, sous le couvert de volailles et de pâtés succulents, comme un étrange parfum
du sous-sol de la Provence, du Languedoc, du Quercy, du Périgord
et du Poitou. Donnons-nous le plaisir de suivre sur ce théâtre de
sa *gloire* ce produit dont nous avons voulu surprendre les obscurs
commencements. Chasse, commerce, savante préparation, jouis-
sance raffinée, sont les termes successifs de cette rapide étude, dont
nous esquisserons discrètement les traits d'ensemble, insistant sur
les côtés instructifs et laissant aux fins gourmets, aux virtuoses
de l'*ars coquinaria*, la part des menus propos, des anecdotes piquantes, que comporte le sujet.

I

L'art de récolter les truffes devait être dans l'enfance chez les anciens. Tout semble prouver en effet que la vraie truffe, la truffe noire ou *mélanospore* des modernes leur était à peu près inconnue : ils ne savaient pas la chercher méthodiquement sous la profondeur d'un sol compacte, et se contentaient le plus souvent du *terfez* ou fausse truffe de Mauritanie, qu'une abondance plus grande et une facile récolte dans les terres sablonneuses mettaient plus aisément à leur portée, ou de la truffe d'été, qui, plus rapprochée que celle d'hiver de la surface du sol, en fendille souvent la surface. Ces moyens imparfaits et primitifs de la recherche *à la marque* étaient probablement les seuls que connussent les Romains, car ni leurs auteurs classiques d'agriculture, ni leurs poètes, ni leurs compilateurs scientifiques, ne font allusion à l'emploi du porc et du chien dans la recherche de la truffe. C'est pourtant en Italie que le dressage du porc à cet office a dû prendre naissance au moyen âge ou vers le commencement de la renaissance. Au XVe siècle, l'auteur d'un livre *de Honesta Voluptate* dit que rien n'égale l'instinct des truies de Nursa ou Norcia pour découvrir les truffes cachées sous la terre. Peu de temps après, la même pratique devait exister en France, car un auteur obscur, Sipontinus, cité en 1550 par le médecin Bruyerin Champier, parlant des sangliers et des porcs comme cherchant naturellement des truffes, ajoute que les paysans dressent à cette chasse des porcs domestiques dont ils lient la gueule avec une courroie pour mettre un obstacle à leur gourmandise. Pas n'est besoin aujourd'hui d'une telle précaution ; un peu d'attention suffit au truffier pour empêcher l'animal de s'approprier le fruit de sa chasse ; quelques glands, un morceau de pain, un peu d'orge ou de maïs, récompensent le porc de sa trouvaille, et dom pourceau est si bien habitué à ce troc que le plus souvent, parvenu à l'objet de sa recherche, il s'arrête de lui-même, lève la tête, regarde son maître d'un air significatif qui veut dire : « J'ai droit au salaire, » et consomme incontinent la maigre pitance qu'on lui jette à la place du tubercule odorant.

Le porc du reste, tel que les truffiers l'emploient, n'est pas l'animal obèse qui fait l'orgueil des éleveurs. Maigre et leste, il trotte allègrement devant son maître, si bien que le docteur Gubler l'appelle pittoresquement *porc de course*, et le docteur Maure *cochon lévrier*.

Jules-Émile Planchon

Arrivé sur le lieu de ses recherches, il flaire le sol, s'arrête à l'endroit où la truffe mûre à point se trahit par son arôme, et là commence une scène originale où l'homme et la bête ont chacun leur part de sagacité. Ardent à la tâche, le brave auxiliaire, servi par ce curieux outil qu'on appelle un groin, fouille le sol le plus rocailleux, jette en l'air terre et cailloux, s'agenouille parfois sur ses courtes jambes de devant pour mieux atteindre la truffe, puis tout d'un coup, près de la saisir, il s'arrête, nouveau Raton, devant le Bertrand rustique qui s'approprie la capture : une courte baguette de fer aiguisée à l'un des bouts sert à dégager la truffe du sol et quelquefois à faire rendre gorge au pourceau, dont l'instinct gourmand toujours en éveil ne résiste pas à la tentation du mets favori. Dans cette lutte grotesque, le truffier court après la bête, celle-ci grogne, résiste, mais, paralysée par la crainte, finit par rendre l'objet volé. Le truffier d'ailleurs a grand soin de ne pas battre le porc, sans quoi, celui-ci, craignant les coups, refuserait son service ou ne s'y prêterait qu'avec méfiance ; à voir avec quelle intelligence un être si ignoble et si stupide en apparence suit l'impulsion que l'homme sait lui donner, on revient volontiers de ce préjugé qui nous fait voir dans les animaux de pures machines vivantes ; même chez les plus humbles de nos serviteurs, la volonté, l'intelligence, ont une part dans la tâche que nous savons leur imposer.

Un autre auxiliaire du truffier, c'est le chien. L'usage en remonte assez haut et vient aussi probablement d'Italie. L'Angleterre, où les truffes sont peu communes, l'Allemagne elle-même, la France, ont dû prendre les *barboni* ou chiens barbets du Milanais ou du Piémont comme modèles de leurs chiens truffiers. On dit pourtant que les premiers chiens de ce genre achetés en Italie en 1724 par le comte Wakkerbart et amenés en Saxe ne le furent qu'après qu'un chien de berger eut découvert spontanément des truffes à Sedlitz, près Dresde. En Pologne, Auguste II avait dès 1720 fait venir d'Italie dix chiens dressés à cette chasse qui coûtèrent 100 thalers chacun. Ce fut aussi un Italien, Bernardo Vanini, qui dans le Brandebourg obtint vers cette même époque le monopole de la recherche des truffes, à la condition d'en fournir annuellement quelques livres pour la cuisine de la cour. Le Wurtemberg eut aussi ses chiens dressés à l'imitation de deux *barboni* donnés par la cour de Turin au prince héréditaire de ce pays ; bref, ce fut un caprice, une mode dans les grandes et petites cours d'Allemagne que la chasse à la truffe par les *truffel-hunde*, les *canes tuberario-venatici*, comme les appelle un de leurs historiens. Ce goût pour le chien se comprend dans les pays où la truffe n'est l'objet que d'une pure distraction et non d'une exploitation lucrative. On peut bien citer, comme exception, les chiens truffiers de la Haute-Marne, dont feu le regretté Antoine Passy a rappelé les services, et qui fouillent non la truffe noire, mais la truffe d'été et la truffe rousse de Bourgogne dans les cépées de coudriers et les bois de pins sylvestres ; mais en général dans les pays de grandes truffières le porc est l'agent par excellence de cette récolte souterraine. D'après Munier, les *trusteurs* du Poitou et de l'Angoumois n'emploient que des porcs de cinq à six mois, qu'ils renouvellent tous les ans : dans la Provence au contraire, on aime mieux laisser vieillir les sujets, dont l'aptitude s'accroît par l'expérience, et comme la saison des truffes est courte et qu'il faut nourrir l'animal toute l'année, on préfère la truie au porc mâle, parce qu'elle donne comme produit, en outre de son travail, une ou deux portées de nourrissons.

La préférence donnée au porc ou au chien tient du reste à des considérations variées, souvent personnelles, à ceux qui les emploient. Le porc a plus de force dans le groin, il fouit le sol même dur et fait aux trois quarts la tâche de déterreur ; le chien se fatigue plus vite, il s'endolorit les pieds à gratter les terres rocailleuses ou compactes : il laisse parfois beaucoup à faire à son maître. D'ailleurs, pour peu que l'instinct de la chasse s'éveille en lui (on évite à dessein les races de chiens chasseurs), il s'amuse à courir le gibier ; mais il reprend tous ses avantages auprès des *rabassiers* marrons, véritables braconniers des truffes. Ceux-ci, grands batteurs de bois, vivant de maraude et forcés d'étendre le champ de leurs courses, dressent leurs chiens à marquer seulement de la patte les places où gît la truffe. Ils profitent à la hâte de cet indice, ils fouillent sans discrétion ni mesure le champ d'autrui et partent avec leur complice de rapine vers de nouveaux gîtes, où l'œil jaloux du propriétaire se trouve par hasard en défaut. Ce rôle de pourvoyeur illicite n'est pourtant pas fatalement dévolu au chien, il sert aussi légalement d'honnêtes truffiers, et tel d'entre ces derniers, comme le brave Jouval du hameau des Barbiers, près de Croagnes, m'a donné le curieux spectacle du travail combiné du porc découvrant la truffe, faisant le gros œuvre des fouilles, et du chien, achevant la besogne en creusant avec les ongles, prenant le tubercule dans la gueule, mais le versant fidèlement dans la main du maître en échange d'un fragment de pain.

Le chien truffier ne constitue pas une race spéciale ; on adapte diverses races à cette chasse par une éducation appropriée : ce sont tantôt des *barbets*, tantôt des épagneuls, tantôt des chiens-loups, des chiens de berger, toutes races intelligentes et susceptibles d'éducation. Ce dressage en vue de la chasse aux truffes comporte des procédés variés : le principal consiste à cacher une truffe dans un sabot ou dans une petite boîte percée de trous, tantôt une truffe toute seule, tantôt la truffe avec un morceau de lard, à enfouir cet appareil dans le sol, à pousser le chien à l'y découvrir en lui donnant pour récompense une friandise ou tout simplement un morceau de pain. D'autres fois on prépare le chien à goûter et rechercher la truffe en lui donnant du pain imprégné d'huile dans laquelle on a fait cuire ce champignon. C'est du reste une industrie que ce dressage de chiens : dans la Haute-Marne, où la recherche de la truffe est moins lucrative qu'en Provence, un chien truffier se vend jusqu'à 100 francs.

Rien n'est plus facile à comprendre que l'adaptation des facultés olfactives du chien à la capture d'un produit odorant. L'homme lui-même arrive parfois à mettre en jeu son odorat pour cette chasse. Un pauvre garçon infirme des environs de Wurtzburg savait, a-t-on dit, mieux que les chiens dressés découvrir les truffes au flair, et s'était fait de ce don naturel une industrie qui l'aidait à vivre. Ce fait est évidemment exceptionnel et presque pathologique. Les chercheurs de truffes de profession flairent parfois des poignées de terre de la truffière qu'ils creusent et savent y saisir le parfum caractéristique de la cryptogame ; mais, avant d'en venir à cette épreuve supplémentaire, ils sont arrivés au gîte probable de la truffe par les indices extérieurs qui font reconnaître aux initiés la place des truffières naturelles, savoir le fendillement du sol et les mouches indicatrices ; de là des pratiques diverses qui constituent la chasse *à la marque, à la sonde* ou *à la mouche*, procédés qui mettent en jeu la sagacité des rabassiers émérites, mais qui n'ont plus qu'une importance secondaire dans l'exploitation régulière des truffières.

La *marque*, qu'on appelle *escarto* (fente) en Provence, consiste dans le fendillement naturel du sol soulevé par la croissance rapide de la truffe. Le phénomène ne se produit que de loin en loin et pour les truffes les plus voisines du sol, qui sont d'habitude les plus précoces. La sonde ou baguette, *broco* dans l'idiome provençal, est un bâtonnet mince et raide qu'on enfonce avec précaution dans le sol à la place même où l'on suppose qu'est la truffe ; la terre effritée et meuble laisse enfoncer l'instrument : vienne un obstacle, le rabassier s'arrête et fouille ; que trouve-t-il ? Une truffe ou un caillou. C'est l'alternative de cette pêche aventurée. Quant aux *mouches* indicatrices, le truffier habile en connaît les allures et sait les mettre à profit avec cette sûreté de coup d'œil qui de tout temps et dans tout pays a distingué le chasseur. Qu'il s'agisse des *hélomyzes*, mouches à vol lent et lourd, on les voit volant autour de la truffière, voletant ou marchant sur le sol ou sur les touffes de chênes kermès : le truffier rapproche la tête du sol, et, d'un regard embrassant la zone inférieure de l'atmosphère, voit se balancer les essaims voltigeans des *sciara*. Il reste alors à suivre la piste de ces insectes jusqu'à la truffière, dont ils annoncent tout au moins le voisinage et que d'autres signes achèvent de déceler.

Parmi ces signes indicateurs de la truffière, il en est un très anciennement connu et dont la valeur est atténuée par le défaut de constance, c'est le jaunissement, l'état de souffrance, la disparition même des plantes herbacées et des sous-arbustes sur l'espace occupé par les truffes. Quelques auteurs, Amoreux entre autres, attribuent à l'odeur forte et particulière de la truffe une influence tonique pour les végétaux adjacents, hypothèse chimérique où l'on retrouve la trace des idées fausses des anciens sur les sympathies et les antipathies des plantes ; d'autres, plus avisés et profitant de la connaissance toute moderne de la composition chimique de la truffe, pensent que la forte proportion d'azote consommée par la rapide croissance du champignon ne peut l'être qu'aux dépens de la fertilité du sol et par suite de l'épuisement des plantes voisines. Cette opinion de M. Henri Bonnet me semble plausible, mais elle n'explique peut-être pas tout dans le phénomène complexe dont elle considère un seul élément.

Dans la pratique, la chasse de la truffe par l'homme tout seul cède de plus en plus le pas aux procédés plus rapides et plus sûrs de la recherche au porc et au chien. A mesure que s'étendent les truffières artificielles, les produits de cette culture demandent une exploitation régulière et méthodique ; l'instinct de l'animal supplée à l'imperfection des sens de l'homme et remplit dans cette branche d'industrie le rôle que la mécanique joue en d'autres branches du travail humain. Il n'y a rien là que de conforme au mouvement général de la civilisation, où la raison dirige vers un but donné toutes les forces vivantes ou brutes de la nature.

Ces réflexions pourraient sembler ambitieuses et hors de leur place en une question qui paraît au premier coup d'œil n'avoir qu'un côté utilitaire et prosaïque ; elles se justifieront peut-être comme introduction au côté moral du sujet, je veux dire à l'étude des changements que la richesse née de la truffe a produits et produira dans l'état social de la population de Vaucluse, où s'est ouverte cette nouvelle source de bien-être. Même en enfermant cette étude dans des limites restreintes, je n'aurais osé l'aborder, si les observations de mon ami M. le docteur de Ferry, appuyées sur sa sagacité d'homme du monde, son expérience d'habitant du pays et son coup d'œil de médecin moraliste, ne me donnaient à cet égard une base sur laquelle je puis appuyer avec confiance les impressions personnelles puisées en de rapides voyages à travers ce beau pays du Comtat. Tout ce que je vais dire sur la vie des rabassiers, les détails en partie originaux concernant le commerce de la truffe dans la région d'Apt, je le donne donc sous l'autorité du docteur de Ferry de La Bellone, me renfermant à cet égard dans le rôle de rapporteur.

Et d'abord la région comprise entre la chaîne des Alpines, les Basses-Alpes, le Rhône et le mont Ventoux est, dans la Provence même, une terre privilégiée du côté des productions et des habitants. C'est le pays des idylles et des tableaux champêtres tout faits, où Mistral, le chantre inspiré, a pu tracer ses vivants portraits de *Mireio* et de *Vincen*. Il faut avoir vu dans leur milieu natal les paysans de cette contrée pour comprendre avec toutes ses nuances la beauté tour à tour énergique et tendre de ces types à la fois rustiques et raffinés. On sent que cette terre du *félibrige*, du réveil de la poésie provençale, a gardé l'empreinte de longs siècles d'une civilisation intense, romaine d'abord, puis demi-italienne, sous les papes et le bon roi René. Une langue harmonieuse, des traditions de vie locale très indépendante sous le joug assez léger de la papauté, un climat dont les excès même, chaleur torride ou vent glacial, trempent et avivent la fibre et les nerfs qu'amolliraient les caresses trop continues des beaux jours, tout cela s'est concentré dans une race naturellement ardente, fière, et qui, même dans la région plus âpre des montagnes, a gardé quelque chose des goûts d'artiste des populations citadines des plaines fertiles. Le brave rabassier Pierre Jouval, qui nous a reçus près de Croagnes, à son humble foyer de paysan, a tendu l'oreille dès que nous avons causé devant lui de l'étymologie possible des mots *Ouvière de Croagnes*, et sa réponse a été l'envoi d'une note sur ce sujet extraite de l'*Histoire d'Apt* par l'abbé Boze. Trouverait-on en beaucoup de coins de notre France un tel exemple de préoccupations littéraires chez des hommes voués aux rudes travaux des champs ?

Les *rabassiers* ou truffiers de Vaucluse sont en général des paysans intelligents et rusés. Plusieurs, avant d'être propriétaires, ont commencé par être à quelque degré maraudeurs. Il y a trente ou quarante ans, les possesseurs de *garrigues* où la truffe venait spontanément en cédaient aux rabassiers le droit de fouille moyennant une redevance en nature, pour truffer la dinde traditionnelle de Noël. Cette redevance plus que modeste n'était pas toujours acquittée : les truffes n'avaient pas le prix qu'elles ont de nos jours ; le dommage causé aux truffières naturelles par des fouilles intempestives était pour le propriétaire plus grand que le mince profit qu'il en retirait. Aujourd'hui, grâce à l'extension des truffières artificielles, le paysan s'est fait, sur un premier fonds d'épargne, un champ d'exploitation bien à lui, et avec cette possession régulière est né chez lui le sentiment conservateur, l'amour et la protection de son bien. En même temps, tels d'entre eux, mettant leur activité de chercheurs de truffes au service des communes ou de grands propriétaires, sont arrivés à être des agents sérieux d'exploitation, payant régulièrement en argent des redevances de plus en plus élevées. Il en est qui, devenus par création ou par achat possesseurs de truffières artificielles ou naturelles, ont atteint l'aisance, la richesse même, et qui, puisant dans ce bien-être une légitime ambition, ont fait donner à leurs enfants l'instruction qu'ils regrettent de ne pas avoir. Les paysans de cette première catégorie sont nombreux dans le pays de Vaucluse. Le plus grand nombre retire de la truffe seule

Jules-Émile Planchon

un revenu qui va de 1,500 à 4,000 ou 5,000 francs. Vient ensuite la catégorie des truffiers suspects, qu'on pourrait appeler les demi-marrons. Ceux-là ont toujours un pied dans le terrain de la maraude. Fermiers de truffières, ils trouvent dans ce prétexte d'une exploitation légale l'occasion d'entretenir une truie, instrument de déprédation sur les terres avoisinantes. Receleurs habiles, ils achètent furtivement les petits lots de truffes volées et les joignent à leur propre stock, dont ils augmentent ainsi l'importance et le prix commercial. Rabassiers tant que dure la saison des truffes, ils vont, en d'autres saisons, racoler de ferme en ferme les poulets, les œufs, les menues denrées, qu'ils vendent aux marchands en gros. Cette vie nomade et brocanteuse n'est favorable ni à la moralité ni à l'instruction ; aussi n'est-ce pas dans cette catégorie suspecte qu'il faut chercher les bons effets de l'aisance acquise par un travail régulier et par le meilleur rendement des terres. Encore moins trouverait-on ces bienfaits chez les rabassiers marrons, maraudeurs et braconniers avérés et endurcis. Étrangers à la région qu'ils exploitent en courant, suivis de leurs chiens dressés à cette chasse illicite, ils sont pour les propriétaires et les rabassiers établis un objet de suspicion et de haine. A leurs ruses de déprédateurs, le paysan oppose sa finesse de défenseur du bien légalement acquis et possédé. Au milieu de la vigne ou du champ transformé en truffière productive, on voit souvent se dresser un bâtiment rustique, percé de jours dans toutes les directions : c'est l'observatoire d'où le paysan surveille sa précieuse récolte. Il dépense parfois dans cette défense une stratégie merveilleuse et des ressources de sagacité qui chez l'un d'eux, devenu riche et grand propriétaire, ont atteint des proportions légendaires.

Jacques Agnel est la terreur des truffière marrons du pays d'Apt. Une longue expérience lui permet d'apprécier par avance l'importance qu'aura sa récolte en truffes. Dès les mois de juillet et d'août, il juge à la *marque*, à certains mouvements du sol autour des truffières, si cette récolte sera abondante ou non. Qu'un maraudeur vienne fouiller sa truffière, il reconnaîtra presque sûrement son homme à la manière dont la fouille a été conduite, même par le groin du porc. *Aco es pas de moun escrituro* (ceci n'est pas de mon écriture), s'est-il écrié plus d'une fois en présence d'une fouille fraîchement ouverte, « mais je sais bien quelle main s'est imprimée là. » Et de fait ces nombreuses captures en *flagrant délit* ont abouti devant le tribunal d'Apt à des condamnations sévères, la maraude en fait de truffes étant considérée dans le pays, non comme un délit passible des peines de simple police, mais comme un véritable vol soumis à la juridiction correctionnelle. Les maraudeurs agissent souvent en plein jour, la nuit leur inspirant une sainte terreur du fusil du propriétaire. C'est pourtant en pleine nuit, sous les rafales d'un vent de tempête, que Jacques Agnel, cachant une lanterne sous son manteau, a parfois saisi sur le fait le déprédateur dont il guettait et pressentait la visite. En résumé, l'aisance, la richesse même, nées de la production truffière, n'ont pu supprimer sans doute le vice inhérent à ces natures qui préfèrent au gain légitime, au travail patient et moralisant, les chances suspectes des incursions et des razzias en sol prohibé ; mais pour l'ensemble d'une population rurale sobre, économe et laborieuse, les résultats de ce bien-être se sont traduits en instruction, en amour du sol, en épargne, en sentiment plus accusé de la propriété légitime, toutes choses qui, dans une société démocratique comme la nôtre, sont le pivot de la vraie conservation sociale.

II

Après la récolte des truffes arrive naturellement la vente locale ou lointaine de ce précieux produit. Ici je pourrais de nouveau élargir le cadre de cette étude en empruntant à des publications classiques, notamment à M. Chatin, la statistique de la production comparée des diverses régions truffières de la France. Ce tableau paraîtra un peu plus loin dans ses traits essentiels ; mais l'absence de documents bien précis pour ce qui touche aux truffières de l'ouest et du centre m'oblige à limiter à Vaucluse l'esquisse du mouvement commercial qui commence sur les marchés d'Apt et de Carpentras, et se propage sous une autre forme dans le monde entier des gourmands.

De la mi-novembre à la fin de mars, la place d'Apt, appelée « Place aux Truffes, » présente tous les samedis une animation singulière. C'est là que les rabassiers de la région apportent leur récolte de la semaine. Le marché ne s'ouvre guère avant dix ou onze heures du matin. Les paysans y arrivent avec leurs truffes soigneusement entassées dans des sacs ou dans des mouchoirs *bien fermés*, rarement dans les paniers. La quantité pour chacun d'eux varie de 20 kilogrammes à quelques grammes ; telle bonne femme déplie souvent un coin de mouchoir où sont précieusement serrées huit ou dix petites truffes : rien n'est à mépriser dans ces petits gains du pauvre offrant un produit de luxe pour avoir du pain. Sur cet étroit théâtre où la truffe est l'enjeu des transactions, acheteurs et vendeurs luttent de ruse et de finesse. On se tâte longtemps avant d'établir le prix du jour. Venus de Carpentras, où le marché s'est tenu la veille, les acheteurs en gros comptent sur la lassitude des vendeurs exposés aux intempéries, pendant qu'ils montent la garde près de leurs sacs ; ceux-ci, durs à la détente et bronzés contre le froid, luttent pied à pied contre la baisse systématique et tiennent bon en raison des besoins présumés de la demande. La matinée est aux petits lots, souvent achetés par les brocanteurs en vue de grossir leurs provisions et de revendre le tout dans l'après-midi ; c'est aussi le moment où la ville fait ses emplettes. Plus tard les prix en gros s'établissent, les achats se font, et c'est sur une voiture spéciale que les récoltes de la région d'Apt, acquises à beaux écus sonnants, prennent la route de Carpentras, centre de l'industrie des conservés et de l'expédition au dehors.

La *recette* des truffes, c'est ainsi qu'on appelle d'un mot du terroir le triage de ce produit, la recette porte à la fois sur la grosseur et sur la valeur intrinsèque des truffes mises en vente. L'acheteur en gros, rompu par une longue habitude à toutes les ruses du métier, se montre aussi sévère dans ce triage vis-à-vis du paysan qu'il se montrera coulant vis-à-vis de lui-même lorsqu'il s'agira du consommateur. D'abord il rejettera ces truffes bâtardes que nous apprendrons à connaître, la rousse, la caillette, etc. Il sera sans pitié pour les truffes avariées, gelées, molles, véreuses ; il *recettera* à outrance, sauf à prendre plus tard à moitié prix ce qu'il repousse au prix normal. Le triage, quant à la grosseur, se fait à la main pour les petits lots, au crible à travers les mailles plus ou moins larges d'une claie d'osier pour les parties considérables. Généralement on admet trois grosseurs. Les prix cités se rapportent aux truffes marchandes de première et deuxième classe ; la *recette*, c'est-à-dire le rebut, comprend souvent d'excellentes truffes que les petits vendeurs savent trier et dont ils se défont parfois avec bénéfice sur le marché de Carpentras.

C'est vis-à-vis du bourgeois, acheteur occasionnel et souvent no-
vice, que la ruse du paysan se donne librement carrière. Tromper
sur la qualité de la marchandise n'est pas un cas de conscience dans
le catéchisme du vendeur : cela s'appelle faire une bonne affaire.
Voyez cette bonne femme avec son petit sac qu'elle serre avec un
soin jaloux ; elle en montrera le dessus garni de truffes appétis-
santes ; méfiez-vous du fond et du milieu, c'est là que se dissimulent
adroitement les rogatons, les rebuts, ou les sujets que l'art a sophis-
tiqués. Ici l'argile remplit une crevasse, ajoutant au poids et voilant
une avarie ; là cette même terre plastique associe en une façon de
truffe unique deux ou plusieurs truffes minuscules ; de petits bouts
de bâton donnent parfois à cette bâtisse ou conglomérat l'appui
d'une charpente intérieure. Que la couleur pâle, jaunâtre d'une
truffe en trahisse ou l'imparfaite maturité ou la qualité inférieure,
un mélange de sulfate de fer ou de noix de galle va leur donner
la teinte noire requise : ce même artifice est poussé plus loin en
d'autres lieux qu'Apt, puisqu'on a vu à Paris de fausses truffes fabri-
quées de toutes pièces avec des pommes de terre avariées, colorées
en brun et entourées d'une couche de terre extraite des truffières
du Périgord.

En automne et dans le milieu de l'hiver, les truffes se consom-
ment ou s'expédient en nature, c'est-à-dire sans préparation. C'est
l'époque des grands dîners, et la France surtout goûte alors sous
sa forme la plus savoureuse ce complément des mets les plus délicats. Plus tard, la consommation à l'intérieur diminue ; c'est alors
que commence l'approvisionnement pour les mois d'été et pour la
consommation lointaine. Conserver les truffes en vue de l'usage
à venir est un problème qu'on s'est posé de bonne heure et qu'on
a réussi à résoudre par des moyens variés dont le détail serait ici
déplacé : la dessiccation, appliquée surtout aux truffes d'été, est
un des plus imparfaits ; la saumure, l'huile, le vinaigre, le sucre,
ont eu leurs partisans jusqu'au jour où la méthode Appert, appliquée sur une grande échelle, a constitué pour certaines maisons
de Carpentras, de Périgueux, de Montagnac (Basses-Alpes), de
Cahors, de Toulouse, de Gignac (Hérault), une industrie considérable. Les prétendus secrets de cette préparation sont aujourd'hui

Jules-Émile Planchon

bien connus.[1] C'est dans les boîtes de fer-blanc que la clôture hermétique est la plus complète et la conservation des truffes le mieux assurée ; mais le consommateur aime à voir ce qu'il achète, au moins quant à la quantité : voilà pourquoi les conserves en bouteilles, malgré les chances plus grandes d'altération, sont généralement préférées aux boîtes. C'est en Russie, en Amérique, dans les contrées lointaines, que ces produits sont principalement expédiés. Ils n'y peuvent donner qu'une faible idée de la valeur des truffes fraîches et constituent au fond pour l'art culinaire, hors la saison normale de ces champignons, un *faute de mieux* qui ressemble beaucoup à un *pis-aller*. Ceci soit dit non pour dénigrer un commerce dont l'importance est considérable, mais pour sauver auprès des gourmets la réputation des truffes, un peu compromise par les manipulations de l'art.

La statistique du commerce des truffes est de sa nature très difficile à établir, soit pour la France entière, soit pour tel département en particulier. Le tableau qu'en a publié M. Chatin n'est évidemment qu'une large approximation. On y trouvera néanmoins des détails pleins d'intérêt, notamment la preuve de l'importance des truffières naturelles du Lot, évaluées, année moyenne, à 3 millions, et surtout la prééminence de Vaucluse (3 millions 800,000 fr.), même sur le département voisin des Basses-Alpes (3 millions), où les truffières artificielles ont pris une large extension. Ce sont là, les très gros chiffres de la production truffière en France. Au plus bas de l'échelle, comme simple curiosité, on pourrait placer l'Ile-de-France, où, dans le courant du XVIIe siècle (1674), le droit de chercher des truffes dans le parc de Villetaneuse, près de Saint-Denis, était affermé au prix de 250 francs, plus 10 livres de truffes en nature ; après 1831, les truffières du bois de Vincennes, exploitées par des truffiers de Bourgogne, donnaient à l'administration un revenu de 80 à 100 francs ! Aujourd'hui les travaux et défrichements faits par le génie militaire au-dessus de Charenton ont détruit presque entièrement ce coin de truffière, et c'est uniquement pour leur intérêt botanique que l'on cite les rares trouvailles de truffes au coteau de Beauté et à la terrasse de Charenton-le-Pont, sous les bouleaux ou les chênes du parc de Vincennes. Pour en revenir à Vaucluse, c'est-à-dire au plus grand centre de production truffière de la

---

1 Consulter à cet égard H. Bonnet, *la Truffe*, p. 73-75.

II. La récolte et le commerce de la truffe

France, le marché d'Apt, en partie alimenté par les départements voisins, est de tous le plus important. Il y a six ans, M. Bonnet y constatait l'arrivée d'environ 15,000 à 16,000 kilogrammes de truffes, celui de Carpentras n'en recevant alors directement que 800 ou 900 kilogrammes ; mais en revanche Carpentras est resté le centre du grand commerce, de l'expédition et de la préparation des conserves. M. Chatin n'y estime pas ce commerce à moins de 2 millions de francs ; dans l'ouest, à Périgueux, un seul négociant emploierait annuellement 2, 500 kilogrammes de truffes en conserves et 1,250 kilogrammes pour volailles ; cependant le produit total de la Dordogne n'atteindrait que 1,200,000. Ce serait chose fastidieuse que de poursuivre cette enquête statistique. D'ailleurs sous le nom général de truffe on confond des espèces bien différentes par leurs caractères botaniques et par leur valeur culinaire ; il ne sera pas sans intérêt d'en faire en gros le triage, et du même coup de marquer l'extension géographique des plus importantes en les classant d'une façon toute pratique en truffes d'hiver, truffes d'été, truffes bâtardes et fausses truffes.

Parmi les truffes noires d'hiver, il en est deux comestibles par excellence que l'on a longtemps confondues sous le nom de *tuber cibarium* : l'une est appelée *mélanospore*, à graines noires, à cause de la couleur foncée de ses germes, d'où résulte la teinte très obscure noir rougeâtre ou violacée de la chair : la marbrure des veines aériennes s'y dessine sur la coupe en lignes fines et serrées, bordées elles-mêmes d'une ligne roussâtre, transparente par défaut de spores. L'écorce, d'un noir de jais, se relève en verrues polyédriques ; l'autre espèce, appelée *brumale* par Micheli, touche à la première par son aspect extérieur et par ses spores hérissées de fines pointes : elle en diffère par la marbrure des veines blanchâtres qui s'y dessine en lignes plus lâches, plus larges et souvent dilatées en espèces d'îlots variqueux. Ce sont ces deux espèces, souvent mêlées dans les récoltes et les marchés, qui forment en France la base du commerce de la truffe ; identiques aux yeux et au nez des profanes, elles constituent néanmoins pour les botanistes, les truffiers et les gourmets deux types tout à fait distincts.

La mêlanospore ou truffe du Périgord, pour lui conserver un nom classique en gastronomie, est répandue dans toute la zone truffière de l'Italie, de l'Espagne et de la France ; elle remonte même jusqu'en Angleterre, à Rudloe, dans le Wiltshire ; mais, là comme à Paris, comme à Magny en Vexin, comme sur divers points de la Saxe et de l'Autriche, la présence de cette truffe n'a qu'un intérêt de curiosité. Dans le sud-est, le sud et le sud-ouest de notre pays, c'est l'espèce dominante : un arôme *sui generis* en fait les délices des gourmets ; les Italiens seuls, Piémontais et Milanais surtout, lui préfèrent leur truffe grise alliacée, montrant par là combien les goûts sont souvent chose locale et préjugé de terroir. Il est vrai que, par une habitude fâcheuse, les Piémontais recueillent cette truffe dès le commencement d'août, alors que, trop jeune encore, blanche en dedans, elle n'offre ni saveur ni parfum ; le nom d'*osiengh* ou truffe d'août qu'on lui donne dans cet état est aussi mal choisi que possible, car à l'état de maturité voulue la récolte s'en fait du commencement de novembre au milieu de mars, mais surtout autour de la période de Noël.

La truffe brumale est appelée en Lombardie *tartufo nostrale di Norcia*, sans doute parce qu'elle est déjà signalée par Césalpin comme abondante dans les montagnes de la Sabine, près de l'ancienne Norsa ou Nursa. En Provence, j'ai tout lieu de croire que c'est une des formes confondues sous le nom de *caieto* ou de *caieou* dans la région d'Apt : ce serait donc, en partie au moins, le *tuber moschatum* de M. Henri Bonnet, mais non la truffe musquée d'Agen, qui n'appartient pas au genre *tuber*. Le parfum de cette truffe brumale rappelle celui de la vraie truffe noire, avec un mélange d'odeur caséeuse qui dans certains cas peut aller jusqu'à la félidité, s'il est vrai, comme on l'assure, que ce soit l'espèce nommée par les paysans de Nérac *truffo pudento* (truffe puante) et par les Tourangeaux *truffe punaise* ou *truffe fourmi*. Peut-être du reste l'odeur est-elle variable chez l'espèce suivant l'âge, les localités, le sol et la race, car dans l'ensemble la truffe en question, bien que de qualité secondaire, ne s'en consomme pas moins en masses considérables, mêlée à dessein ou non à la truffe de Périgord. Près de Montpellier, je l'ai vu cueillir sous le nom d'*amarel*, tandis que le nom de *pudisso* ou truffe puante s'applique dans cette région à des trafics à peau lisse (*tuber dryophilum*) ou à la truffe rousse ou même au *genea verrucosa*, qui n'est pas une truffe véritable.

Dans la catégorie des vraies truffes à écorce diamantée de tubercules polyédriques, il en est une que M. Chatin appelle *tuber hie-*

malbum, c'est-à-dire truffe blanche d'hiver ; elle se distingue des vraies truffes noires, dont elle a les spores hérissées de pointes, par la couleur blanche de sa chair. Répandue, paraît-il, dans le Périgord, le Languedoc, la Provence et le Dauphiné, on a dû souvent la prendre pour une truffe noire non mûre ou pour une truffe d'été exceptionnellement précoce. Comestible, mais d'une odeur mal définie, elle entre en partie par fraude dans les lots des vraies truffes noires, dont le parfum masque le sien. Une autre espèce hivernale à verrues polyédriques est le *pebra* ou truffe poivrée des Provençaux (*tuber piperatum* de M. Henri Bonnet). L'idée de poivre ne s'applique là qu'à la saveur : l'odeur en est très forte, bitumineuse, rappelant assez le pétrole : il faudra comparer l'espèce avec le *tuber bituminatum* découvert et décrit en Angleterre par MM. Berkeley et Broome.

Les deux principales truffes d'été sont l'*estivale* proprement dite et la *mésentérique*, ainsi nommée parce que la fine marbrure de ses veines rappelle les replis gaufrés du mésentère. Toutes deux ont l'écorce verruqueuse et noire, et les spores à surface élégamment guillochée en un réseau d'alvéoles. La dénomination de truffe d'été pourrait faire croire qu'elle ne se rencontre que dans la saison des mois chauds ; or M. Tulasne assure qu'elle se trouve l'automne et l'hiver dans les bois de bouleaux des bords de la Marne, près de Charenton et de Nogent, aussi bien que dans le Poitou. Dans le midi de l'Europe, l'époque de maturation la plus ordinaire est vers les mois de juillet et d'août ; mais le nom de *maienco*, truffe de mai, que lui donnent les Provençaux, prouve que l'on peut la recueillir dès le mois des roses. Le nom de *truffe de la Saint-Jean*, employé par les Poitevins, s'applique non-seulement à cette espèce, mais à toutes les truffes qui dans cette saison estivale doivent à l'absence de spores mûres la teinte blanche de leur chair. La truffe d'été semble être du reste celle qui remonte le plus vers le nord ou qui tout au moins s'y montre la plus fréquente. C'est l'espèce qu'on a signalée en Angleterre dès la fin du XVIIe siècle ; on doit y rapporter probablement la plupart des truffes rencontrées en Bohême et en Allemagne ; c'est la seule qu'on ait trouvée en Normandie, près de Falaise, sous le nom de *tuber Blotii* ; elle existe à Avallon, en Bourgogne ; dans le Dauphiné, elle est connue sous le nom de *messingeonne*, à Nérac sous celui de *samaroque*, qui lui est commun avec la truffe mésentérique. En Provence, en Languedoc, la truffe *maienque* n'est guère estimée : beaucoup de truffiers refusent de la chercher en été de peur de compromettre la récolte des truffes noires en fouillant hors de saison les truffières où les deux espèces pourraient se trouver associées. Autrefois pourtant on la recherchait dans ce pays moins pour la consommer à l'état frais que pour la découper en tranches minces et la vendre aux naïfs comme un représentant de la vraie truffe : insipides et dépourvues de parfum, ces rondelles coriaces sont de plus en plus abandonnées ; on en voit néanmoins encore chez les épiciers qui s'en approvisionnaient jadis à la foire de Beaucaire, rendez-vous longtemps florissant de toutes les denrées méridionales.

La truffe mésentérique accompagne presque partout la truffe d'été, avec laquelle il est facile de la confondre. Elle s'en distingue néanmoins par la présence sur la coupe de la pulpe de fines lignes noires sinueuses courant parallèlement aux lignes blanches aérifères. Une odeur forte et peu agréable rappelant un peu celle de la levure de bière lui fait donner en Bourgogne l'épithète de *truffe fouine*, et l'on en distingue deux formes, la *grosse* et la *petite*, suivant les dimensions soit de la truffe entière, soit des verrues pyramidales qui décorent la surface. La chair en est d'une teinte fuligineuse, plus foncée que chez la vraie truffe d'été : une dépression à fossette creusée dans la base du tubercule semble être également un trait distinctif de la truffe mésentérique par rapport à sa proche alliée.

Jusqu'ici nous n'avons vu que les truffes à surface ciselée en tubercules. Le groupe des truffes à écorce lisse, représenté en France par des espèces peu comestibles telles que la truffe blanche d'Agen, les *tuber dryophilum, rapœodorum* et autres, l'est en Italie par la truffe grise des Piémontais que les lettres du comte de Borch ont rendue célèbre. On l'appelle aussi truffe à l'ail, ou truffe blonde du Piémont : les Piémontais la nomment *trifole, trifola bianca, tartufo bianco* ou *biancone* ; les plus précoces, celles qui mûrissent vers la fin de juin, se nomment *fiorini* d'un mot qui s'applique également aux premières figues ou figues fleurs ; les plus tardives, nommées *ghiaccioli*, ont une chair très fragile, très marbrée, et sont bien moins estimées. Étrangère à notre pays, cette espèce a pourtant été rencontrée deux fois de suite, en novembre 1821 et dans l'automne de 1822, par feu le botaniste Requien à Tonelle, près de Tarascon, dans la célèbre pépinière des Audibert et aussi dans un champ de garance. Pourrait-on voir là un fait d'importation accidentelle ? La chose ne serait pas impossible, si l'on songe que la pépinière en question reçut longtemps des plantes du monde entier, et que la truffe du Piémont, venant surtout au pied des peupliers et des saules, dans des terres argileuses et souvent humides, aurait pu facilement être transportée avec des arbustes, soit, à l'état de mycélium, soit par des spores dont la germination est inconnue. En tout cas, il y a là un fait curieux à recueillir et qui donne quelque appui aux tentatives de naturalisation des truffes, soit par transportée mycélium, soit par semis de glands ou d'autres graines des arbres auxquels les truffes sont associées.

Entre le groupe des truffes à verrues polyédriques et celui des truffes lisses se placent des espèces dont la surface est finement chagrinée, c'est-à-dire recouverte de papilles arrondies. C'est la circonstance qui vaut à la plus connue de ces truffes, la truffe rousse ou *tuber rufum* des botanistes, le nom provençal de *mourre de chin*, museau de chien. D'une odeur forte et peu agréable, qui la fait appeler *sentoun* en Provence, cette espèce est rejetée par les marchands de truffes de ce pays, et ne se glisse que par fraude entre les vraies truffes comestibles : la chair en est coriace et bien plus dense que chez ses congénères ; cependant les truffiers de Bourgogne la récoltent en même temps que la truffe d'été et l'expédient surtout à Strasbourg, où elle fait nombre dans les pâtés parmi les truffes du Périgord. Cette truffe, qui est un vrai *tuber* par ses caractères botaniques, pourrait compter entre les truffes bâtardes, en prenant le mot dans un sens dénigrant, au point de vue de la qualité. Quant aux fausses truffes, il faudrait y comprendre le *genea verrucosa*, qui s'appelle *capello di prete* en Piémont, *oreille de prêtre* en Poitou, et *rabasso mourre de chin* en Provence (par homonymie avec la truffe rousse), — le *melanogaster variegatus* ou truffe musquée d'Agen, truffe gemme du Poitou et de la Touraine, — le *balsamia vulgaris, rossetta* des Milanais, truffe blanche ou truffe rouge des Poitevins, *rabasso blancan, rabasso bourret* ou *rabasso de Lengado*des Provençaux. Toutes ces productions souterraines, et bien d'autres que nous passons sous silence, ne sont comestibles que par occasion et pour les palais peu délicats : la seule fausse

Jules-Émile Planchon

truffe qui tienne une large place dans l'art culinaire de l'antiquité et dans l'alimentation actuelle des Arabes et des Syriens, c'est le terfez ou *terfezia leonis*, dont l'histoire peut ouvrir, dans l'ordre chronologique, l'esquisse rapide de l'usage des truffes dans tous les temps et tous les pays.

III

Une hypothèse plus que problématique ferait considérer comme des truffes les *dudaïm* de la *Genèse*, ces *fruits* que Ruben aurait apportés des champs au temps de la moisson des céréales et qui, donnés à sa mère Lia, excitèrent si vivement la convoitise de Rachel. Émise par Philippe Cadurque et développée par Daniel Ludovicus, cette opinion, en la supposant fondée, reculerait jusqu'à l'an 1620 avant Jésus-Christ l'usage des truffes chez les Hébreux. En tout cas, et toutes réserves faites sur la nature si controversée des *dudaïm*, on peut supposer aisément que les populations orientales, dans les régions des sables arides, ont dû trouver aisément et connaître de bonne heure la truffe blanche du désert, celle que les Syriens de Damas, au dire de Chabraeus, consommaient par charges de chameaux, et qui constitue pour les Arabes d'Algérie un mets recherché. On pourrait presque nommer cette espèce la truffe des peuples sémites, si la conquête, les migrations ou le commerce n'en avaient étendu l'usage aux Grecs d'abord, puis aux Romains. Des termes même employés par Théophraste pour désigner la station des truffes à Mytilène, il est permis de soupçonner que cette truffe était aussi le terfez ou truffe lisse des sables ; la chose est plus sûre encore pour la truffe de la Cyrénaïque, appelée *mysi* par ce même Théophraste, dont Pline ne s'est fait que le traducteur. C'est aussi du nord de l'Afrique que les gastronomes romains tiraient ce mets à la mode. « O Libyen, détache les bœufs du joug (c'est-à-dire renonce aux moissons), pourvu que tu nous envoies des truffes, » fait dire le satirique Juvénal à quelqu'un des raffinés de son temps, plus soucieux de bonne chère que du pain du peuple.

L'époque de la récolte, — le printemps et non l'hiver, — la couleur de ces truffes africaines, rousse en dehors, blanche en dedans, ne laissent aucun doute sur l'espèce relativement inférieure à laquelle les cuisiniers de Rome, au lieu de la traiter en condiment des autres mets, appliquaient pour en relever la fadeur les épices, les saumures, tous les *irritamenta gulœ* de leur art. Les Grecs eux-mêmes avaient dû les précéder dans ces mystères de la cuisine savante, car les Athéniens, dit-on, donnèrent le droit de cité aux fils de Chérips pour avoir introduit dans la préparation des truffes un raffinement nouveau. L'un des trois Apicius qui, dans les fastes de la gastronomie romaine, se disputent le prix de la gourmandise, le dernier en date, *Cœlius*, qui vivait du temps de Trajan, a laissé tout un recueil de recettes qui, longtemps perdu, comme tant d'autres œuvres plus sérieuses, fut retrouvé, chose piquante, sous le pontificat de Nicolas V, dans l'antique et vénérable église de Maguelone ! Il est vrai que cette découverte un peu mondaine en lieu canonique fut accompagnée de la trouvaille d'un autre manuscrit perdu, les scolies de Porphyrion sur Horace ; mais la glose du scoliaste a facilement cédé le pas au *de Opsoniis et condimentis sive de Arte coquinaria* du maître gourmet. De nombreuses éditions, des commentaires savants ont illustré ce dernier écrit, resté longtemps comme le code de la cuisine romaine, et qui, sous une sèche nomenclature, ne fait pourtant guère soupçonner les côtés fins et spirituels de la convivialité de cette époque de corruption élégante. La truffe a naturellement sa place dans ce répertoire ; mais à la froideur de l'écrivain on devine que cette *fille de la terre et des dieux*, comme l'appelaient Porphyre et Cicéron, n'était encore que le très fade précurseur du diamant noir de la gastronomie moderne. L'*œnogarum*, sauce au vin et aux anchois ou saumure de poisson, en relevait la saveur : le poivre, les aromates indigènes, herbes odoriférantes, le *laser* ou *silphium*, comme résineuse d'une férule de la Cyrénaïque, la *rue*, ajoutaient à ce tubercule, cuit sous la cendre ou dans le lait ou dans le bouillon, leurs parfums étranges et excitans. Au fond, la truffe n'était là que l'*excipient* dans ce pot-pourri d'aromates. Chez les modernes au contraire, la truffe, avant d'être un aliment, est le condiment par excellence dont le parfum pénètre et relève la substance succulente des volailles et des pâtés. C'est que notre truffe est la truffe noire, celle des anciens était presque toujours le terfez.

Les Romains du reste n'avaient fait qu'imiter les Grecs dans l'assaisonnement de la truffe, car l'archestrate ou chef de cuisine, dans Athénée, fait servir à la fin du repas des truffes cuites au jus gras avec addition de sel, de gingembre et de cinnamome. Les Arabes à leur tour, imitateurs de la civilisation qu'ils avaient détruite, associèrent largement les épices à la truffe grise du désert d'Afrique et probablement des parties chaudes et sablonneuses du sud de l'Espagne. Avicenne, un des oracles de la médecine d'alors, recommande de peler les truffes, de les découper en tranches, de les faire bouillir avec de l'eau et du sel, puis de les faire cuire avec de l'*almure*, des herbes aromatiques (le bouquet de nos cuisinières) et de l'*alois*, l'almure étant, paraît-il, l'analogue du *garum*, et l'alois de la viande salée. C'est sans doute à cause de cette mention fréquente des truffes chez les médecins arabes d'Espagne que la tradition consacrée est d'attribuer aux Espagnols l'usage de ce mets délicat pendant la période obscure du moyen âge. Alors sans doute les arts et le luxe florissaient chez les Maures, tandis que les rudes représentants de la chrétienté féodale en étaient, comme les héros d'Homère, aux grosses viandes succinctement apprêtées ; mais dès que la première aube de la renaissance se fut levée sur l'Italie et la France, le goût de la bonne chère dut renaître dans ces régions encore imprégnées des souvenirs de la culture romaine. Ce n'est pas l'Espagne chrétienne, pays classique de la sobriété, qui dut et put donner aux papes d'Avignon ou de Rome, aux puissants et riches citoyens des républiques italiennes, aux cours brillantes de Provence et de Bourgogne, le goût de la bonne chère et des plaisirs de la table. Aussi la truffe noire, expression de ce luxe renaissant, est-elle dès le XVe siècle en honneur dans les festins de Rome et de la noblesse italienne. Platina, l'historien des papes, vante les truffes de Norcia, dans le voisinage de Spolète, région de l'Ombrie déjà célèbre dans l'antiquité pour l'excellence de ses productions végétales, et où la petite ville de Mévania devait voir naître peu de temps après Alphonse Ciccarelli, l'auteur de l'opuscule sur les truffes traduit et commenté par Amoreux. Au XVIe siècle, l'usage des truffes est fréquent dans toutes les parties de la péninsule ; elles abondent en Toscane : Matthiole en parle comme d'un mets favori des grandes maisons. Platina en avait déjà signalé l'abus en introduisant une distinction subtile dans le genre d'excitation que leur supposait un préjugé populaire.[1] Moins casuiste et plus ri-

---

1 « Alit hic cibus (ut Galeno placet) et quidem multum ad venerem ciet. Hinc est quod crebro utantur tuberibus delicatorum ac lautorum mensæ, quo in venerem promptiores sint. Ad genituram si id fit, laudabile ; si vero ad libidinandum (ut

II. La récolte et le commerce de la truffe

gide, Jean-Michel Savonarola engage les intempérants en fait de truffes à craindre Dieu, s'ils ne craignent la colique et la strangurie, conseils, on le suppose aisément, qui n'ont jamais fait perdre un coup de dent aux vrais adeptes d'Épicure.

La preuve que ce goût des truffes n'était pas absolument confiné dans l'Italie de la renaissance, c'est que dès 1438 Jean le Bon, duc de Bourgogne, séant alors dans ses états de Flandre et Brabant, fait compter « VI livres VIII sous à Jehan Chapponel de Villers-le-Duc, pour don quant nagaires il apporta à M. le duc des truffes en Brabant et pour soi en retourner en Bourgogne.[1] » Sans doute ces truffes bourguignonnes ne valaient pas celles d'Italie. Qu'étaient celles de la table du roi de France Charles VI, contre lesquelles Eustache Deschamps fit, dit-on, une ballade ? On l'ignore ; mais cette boutade d'un poète, pas plus que le pronostic de Mme de Sévigné contre le café, n'a prévalu contre le jugement plus sûr du public. Déjà dans le XVIe siècle, Bruyerin Champier, médecin de François Ier et d'Henri II, signale à côté des truffes de Bourgogne celles de l'Angoumois et de la Saintonge, dont il proclame l'excellence, celles de la Valaurie dans la Drôme, restées depuis justement célèbres. Dans son livre *de Re cibaria*, sorte de manuel d'hygiène et de sage gourmandise, il répète au sujet de la truffe presque tout ce qu'en ont dit les anciens ; il n'en enregistre qu'en passant les usages culinaires dans les cours de Rome et de France ; bref, il s'en montre discret et timide appréciateur, et ne semble guère justifier le titre de « Parmentier de la truffe, » dont un savant de nos jours a voulu couronner son nom. Encore moins doit-on lui faire honneur d'une idée qui serait très originale pour son époque, l'arrosement des truffières. C'est par une fausse interprétation d'un passage copié dans Pline que l'on a cru pouvoir saluer dans cet auteur du XVIe siècle une pratique spéciale aux truffières artificielles, et dont M. Rousseau, de Carpentras, semble avoir pris l'initiative.

Pour en revenir au goût des truffes, on le voit se maintenir en France pendant le XVIIe siècle, mais sans progrès bien frappants : au moins les preuves de ce progrès n'ont pas été réunies et condensées. C'est dans l'histoire de chaque province qu'il faudrait en cher-

plerique ociosi et intemperantes solent), detestandum omnino. »
1 Archives générales du département du Nord, aux comptes de la maison de Bourgogne (Baron de Melicocq).

Jules-Émile Planchon

cher les traces. Au contraire avec la période de la régence s'ouvre une ère de fins soupers, de jouissances épicuriennes où l'esprit a sans doute sa part, mais où la bonne chère conduit le branle du plaisir. Le règne des roués, des turcarets, des agioteurs, et plus tard des bureaux d'esprit et des élégances mondaines, fut aussi le règne des friandises et des délicatesses de table. Aux robustes appétits du grand siècle, apanage des tempéraments sanguins, succéda le régime plus excitant des tempéraments nerveux. Le café, les vins choisis, les plats variés, les assaisonnements de haut goût furent la note dominante des repas : la truffe eut naturellement son rôle dans cette transformation, et pourtant, limitée encore au monde du luxe, l'exploitation de ce produit ne prit pas de fortes proportions. En 1779, d'après Munier, la Saintonge, le Poitou, ne donnaient encore que peu de truffes : le Dauphiné dans sa partie méridionale, la Provence, le Quercy, le Périgord, le Languedoc, augmentaient sans doute leur consommation intérieure, mais la difficulté des transports comprimait l'élan des ventes lointaines. Le directoire par sa corruption, l'empire par ses premiers succès, la restauration surtout par sa réaction contre nos malheurs et par ses goûts aristocratiques, furent des périodes de croissants triomphes pour l'art dont Brillat-Savarin, dans une œuvre exquise, s'est fait à la fois l'historien et le coryphée. La truffe donne du piquant à cette aimable fantaisie, où la morale Spartiate est toujours battue par l'atticisme parisien. C'est le dernier mot et le plus charmant d'un régime dont on serait tenté d'aimer les faiblesses, tant elles savaient s'envelopper d'esprit et de grâce. Avec nos temps démocratiques, les jouissances de tout genre se sont étendues, sinon raffinées. On paie cher le luxe, et beaucoup de gens peuvent le payer : la science, le commerce, l'industrie, sont les agents toujours en jeu de ce bienêtre croissant qui s'accompagne sans doute d'abus, mais dont on ne saurait méconnaître l'heureuse influence sur la sociabilité publique, car, si la vieille urbanité se perd en tant qu'expression des manières d'une autre époque, l'art de bien manger et de bien causer sont deux choses trop françaises pour ne pas survivre à toutes les transformations des mœurs.

En esquissant en quelques lignes l'histoire gastronomique de la truffe, je n'ai fait qu'effleurer un sujet très vaste ; revenons à la truffe considérée au point de vue de l'hygiène. Ici l'ancienne médecine a presque toujours plaidé le contre, mais les gourmands ont plaidé le pour, et finalement gagné le procès. Avicenne dit que les truffes peuvent occasionner la paralysie et l'apoplexie, que, étant fort crues, elles ne peuvent fournir qu'un aliment cru et des humeurs mélancoliques. Guillaume Placentin ajoute qu'en mangeant des truffes on peut craindre la mélancolie ou la lèpre ; tous ces pronostics effrayants n'ont pas arrêté l'usage d'un mets salubre en lui-même, très nourrissant, excitant la digestion s'il est pris avec mesure. « Que pensez-vous des truffes ? disait un jour à son médecin Portai le roi Louis XVIII de gastronomique mémoire, je gage que vous les défendez à vos malades. — Mais, sire, je les crois un peu indigestes. — Les truffes, docteur, ne sont pas ce qu'un vain peuple pense, » répliqua le roi, et ce disant il dépêchait un gros plat de truffes sautées au vin de Champagne. L'argument, s'il peut sembler faible à la médecine, est fait pour séduire à table tous les convives, y compris les médecins. Je m'arrête sur cette pente de la chronique anecdotique de la truffe : il serait trop facile et trop banal d'y puiser des historiettes lestement contées. Chaque chose est bien à la condition d'être à sa place : les gens d'esprit sauront toujours trouver à sourire en relisant Brillat-Savarin, mais ils sauront gré à la science de ne pas s'aventurer plus avant dans le domaine de l'aimable fantaisie.

ISBN : 978-1544198125

Jules-Émile Planchon

www.ingramcontent.com/pod-product-compliance
Lightning Source LLC
Chambersburg PA
CBHW051819170526
45167CB00005B/2080